像
數學家
一樣思考

---

26 堂
超有料大腦衝浪課
Step by Step
揭開數學家的思考地圖

THINK like a
MATHEMATICIAN

安‧魯尼
ANNE ROONEY
李祐寧———譯

CONTENTS 目錄

CONTENTS 目錄

說真的，數學到底是什麼？

在處理資料和知識上，有兩種根本上不同的方法。一是從觀察出發、二是從思考出發，而所謂的數學，也是如此。

數學無所不在。數學是讓我們得以和數字、模型、程序打交道，知悉宇宙法則的語言。數學也是一種能幫助我們理解周圍萬物的方法，亦能讓我們為各種現象建立模型和進行預測。

人類最古老的社會為了追蹤太陽、月亮和行星的運轉，而開始研究數學，並進一步將數學帶到建築、清點牲口及發展貿易上。隨著人們開始發現數字規律所締造出來的美麗與奇異，數學於是在中國古代、美索不達米亞、古埃及、希臘和印度流行起來。

數學像是一門全球企業，更是一種國際語言。現在，它也深入了我們生活的方方面面。

貿易與商業構築在數字之上。而對現代社會各層面而言皆不可或缺的電腦，更是根據數字而運作。我們每天所接受到的訊息呈現方式，絕大多數與數學脫不了關係。倘若缺乏對數字和數學的基本理解，我們連時間都無法辨別，更遑論安排行程，甚至是照著食譜做菜了。但這些還不是全部。倘若無法理解數學性的資訊，我們甚至可能會被欺騙或誤導——或單純地錯失某些事物。

數學可以同時為光榮或邪惡的目的所用。數字可以用於闡述、解釋或釐清事實，卻也可以用於欺騙、擾亂或混

淆。因此，能知道事情背後的真相，總是比較好的。

現在，電腦可以執行過去人類做不到的運算，讓數學變得更容易。在本書稍後的內容中，你將讀到許多例子。像是透過電腦，我們得以運算pi（符號 π，用於定義圓形周長與其半徑間的數學關係）至小數點後數百萬個位數。而有賴於電腦，如今我們可以列出數百萬個「質數」（即只能被一和自己整除的數字）。但在某種程度上，電腦卻也會讓數學在邏輯上變得沒那麼嚴謹。

純數與應用數學

　　本書所出現的數學，在本質上屬於「應用數學」的範疇——用於解決真實世界問題，可運用在現實世界中實際狀況的數學，像是計算一筆貸款的利息、測量時間或一根弦。只不過，還有另外一種讓許多專業數學家為之著迷的數學，叫做「純」數學。此類數學的追求並不在乎其能否實際運用，而是為了探究邏輯能帶我們通往何處，並以理解數學本質為目標。

現在，我們可以處理非常龐大的數據，且從「經驗數據」（能直接觀察到的數據）中所萃取出來的資訊，也遠比過去更可靠。這意味著我們愈來愈可以依據觀察到而不是

自己推敲出的事實，來得到結論（且顯然更安全）。舉例來看，我們可以在檢驗大量的天氣數據後，跟據過去所發生的情況來預測未來天氣。

我們不需要了解天氣系統是如何運作的，僅需根據「無論事情背後的力量為何，同樣的事情在一定程度上會再次發生」的前提，利用過去觀察到的資訊。只不過，儘管這套方法相當有效，卻不是真正的科學或數學。

該從觀察出發，或從思考出發？

在處理資料和知識上，有兩種根本上不同的方法，數學概念的提出也是如此。其中一種是源自於思考和邏輯，另一種則是源自於觀察。

從思考出發：演繹（deduction）是訴諸邏輯的推理方法，運用特定陳述對單一個案進行預測。例如，我們可以從「所有小孩都有（或曾經有過）父母」這個陳述句開始，並從蘇菲「是個孩子」的事實，推論出蘇菲因此一定有（或曾經有過）父母。只要這兩則陳述皆為真，且邏輯正確，那麼預測就會是正確的。

從觀察出發：歸納（induction）則是依據特定事例來推論一般情況。倘若我們在觀察大量的天鵝後，發現「天鵝都是白色的」，我們或許會根據此情況來推測「所有天鵝都是白色的」（如同人們過去所認為的那樣）。但這個推論並不穩固，它僅僅意味著我們還沒有見過「不是白色的天鵝」（請見第十章）。

對或錯？

數學家並不總是對的，無論其採用的方法是演繹還是歸納。儘管如此，就整體而言，「演繹法」較為可靠，因此在希臘數學家歐幾里德提出這個方法後，演繹法一直深受純數學家的推崇。

為什麼會出錯？

我們的祖先認為應該是太陽繞著地球轉，而不是反過來。但倘若太陽真是繞著地球轉，其運行軌跡看上去又該是什麼樣子呢？答案是：一模一樣。

古希臘天文學家托勒密（Claudius Ptolemy）所建構的宇宙模型，解釋了人們觀察到的太陽、月亮與天空上各個行星的移動。其學說是基於歸納方法而來：托勒密根據經

驗性證據（他親身的觀察），建構了一套符合這些證據的模型。

當人們開始可以進行更精確的天體測量後，中世紀和文藝復興時期的天文學家，針對托勒密「地心說」的宇宙模型數學部分，進行了更複雜的修正，好讓它更符合觀測結果。隨著新觀察到的結果而逐漸被增添進來的解釋，讓整個系統陷入可怕的混亂中。

行星在哪裡？行星在那裡！ **Key Points** 🔍

在一八四五至四六年間，天文學家勒維耶（Urbain Le Verrier）和亞當斯（John Couch Adams）各自預測出海王星的存在與位置。在觀察鄰近行星 —— 天王星軌跡出現的攝動（perturbations，即擾亂）後，他們進行了數學運算。海王星於一八四六年首次被人類觀測到並獲得確認。

撥亂反正

直到波蘭天文學家和數學家哥白尼（Nicolaus Copernicus）於一五四三年將太陽放置到太陽系中心、推翻地心說後，數學才又終於運作起來。但即便如此，哥白尼的運算也未能完全準確。後來，英國科學家牛頓修改了

哥白尼的理論，並在不需要列出太多例外的情況下，給予行星運動更符合數學的一致性解釋。他所提出的「行星運動定律」，一直到他逝世後才因為行星觀測而獲得證實。在這些行星被觀測到之前，牛頓就精確地預測出行星位置。儘管如此，其模型還是不夠完美；透過當前的數學模型，我們仍無法明確解釋外行星的運動。我們還需要發現

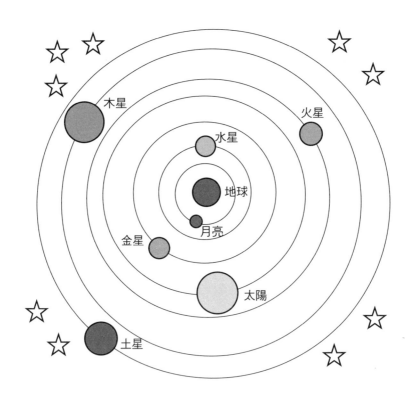

更多——無論是在太空或數學上。

芝諾的悖論們

長久以來，我們所經歷的世界和根據數學與邏輯來構建的世界之間，一直存在著落差。

古希臘的哲學家芝諾（Zeno of Elea，約西元前四九〇至四三〇年）利用哲學，闡述了運動（motion）的不可能性。他的「飛矢不動悖論」指出，在任一即時的時間下，箭都是處在一個固定的位置上。從箭離開弓到它抵達目標間，我們可以拍下數百萬張關於「箭的位置」的照片，而在任一無窮短的剎那間，箭都是靜止的。那麼，箭究竟是在什麼時候移動了呢？

另一個例子，則是「阿基里斯永遠追不上烏龜」悖論。倘若希臘的飛毛腿阿基里斯在一場賽跑中，讓烏龜先起跑一段距離，他將永遠追不上烏龜。當阿基里斯終於跑到烏龜最初出發的位置時，烏龜早已經不在原地。而這樣的情況會持續發生——即便烏龜領先的距離愈來愈短、阿基里斯愈逼愈近，但後者永遠都無法超過前者。

此悖論之所以成立，是因為將時間與距離的連續性視作一連串無窮小的時刻或位置。即便邏輯上成立，卻與我們身處的現實不同調。

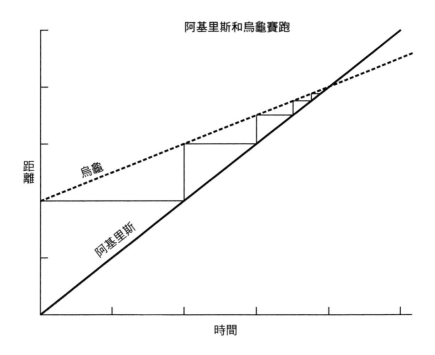

阿基里斯和烏龜賽跑

距離

烏龜

阿基里斯

時間

數學是被創造的？ 還是被發現的？

數學怎麼可能「編」得出來呢？還是其實可以？
但正如同我們無法說「樹」這個字，對樹本身來
說是錯誤的一樣……

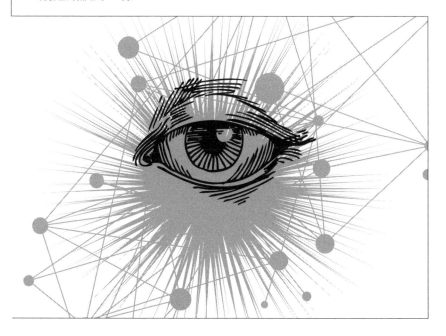

打從西元前五世紀的希臘哲學家畢達哥拉斯（Pythagoras）開始，人們就開始爭論著數學究竟是「被發現」的，還是「被發明」的。

兩種立場──假如你相信「二」

第一種立場認為所有數學法則、亦即我們用於描述及預測現象的方程式，都是獨立於人類智能以外的存在。這意味著三角形是一個全然獨立的實體，且內角相加也確實等於一百八十度。即便人類這種生物不曾誕生，數學也依然存在，且就算有一天我們不在了，數學也會繼續屹立不搖。義大利數學家兼天文學家伽利略因此認為，數學是「真的」。

> 數學是上帝用來撰寫世界的語言。
>
> ──伽利略
> （Galileo Galilei）

數學就在那裡，但我們很難看見

古希臘哲學家兼數學家柏拉圖，早在西元前四世紀時就提出：我們透過感官所獲得的一切體驗，都只是理論上「理想」（theoretical ideal）的不完美複製。亦即每一條狗、每一棵樹、每一件善行，都只是理想與「本質」（essential）上的狗、樹及善行那不甚完整或有限的投射。身為人類，

我們無法看見理想（柏拉圖稱此為「形式」，forms），只能從日常「現實」中遇見某些例子。圍繞在我們周圍的世界是不斷改變且有瑕疵的，但真正的形式是不會改變且完美的。根據柏拉圖的看法，數學存在於理想世界。

儘管我們無法直接目睹「理想世界」，但我們可以透過理性（reason）來接近它。柏拉圖用洞穴中物體通過火炬而在牆上投射出的影子，來譬喻我們體驗到的真實。

倘若你身處在一個洞穴中，面對著牆壁（且全身被鎖鏈綁住而無法轉動身體——在柏拉圖的假設中），那麼影子就是你唯一能看見的，於是你開始將它們視作實際存在的事物。然而真正存在的事物，應該是靠近火源的那個物體，而影子不過是此物體的粗劣替代品。

柏拉圖

柏拉圖認為數學是永恆真理的一部分。數學原則就「擺在那裡」，我們可以透過理性去接近它。數學決定了宇宙，而我們只能靠著發現數學，去了解宇宙。

但如果一切都是我們編出來的呢？

另一派主流觀點則認為，數學是我們企圖理解並描述周圍世界所創造出來的表現形式。在此派觀點之下，「三角形內角和為一百八十度」不過就是一種慣例，就像人們認為黑色的鞋子比淡紫色鞋子更正式一樣。這之所以為一種慣例，是因為我們定義何謂三角、定義何謂角度（還有度的概念），甚至就連「一八〇」都是我們「創造」出來的。

至少，在我們假設數學是被創造出來時，出錯的可能性較低。正如同我們無法說「樹」這個字對樹來說是錯誤般，我們無法說創造出來的數學是錯的（儘管糟糕的數學或許無法派上用場）。

外星人數學

我們是宇宙中唯一的智慧生命體嗎？讓我們先假設答案為否，至少就此刻而言（請見第十八章）。

倘若數學是我們發現的，那麼任何具數學偏好的外星

人將能發現與我們相同的數學，而這個情況也讓我們雙方的交流，成為可能。他們的表現方式或許會有所不同（舉例來說，使用不同的數字基礎，請見第四章），但其數學系統所描述的規矩，將會和我們一樣。

倘若數學是我們創造的，那麼沒有任何原因可以解釋為什麼外太空的智慧生命體會擁有「跟我們一樣」的數學。事實上，如果他們真的有，反而會讓人非常詫異（如果他們居然還會說中文、阿卡德語或殺人鯨語，就更令人震驚了）。

當我們單純地將數學視為一種能幫助我們描述並消化所觀察到世界的編碼時，數學其實和語言非常相似。沒有什麼意符（signifier）能比「樹」，更適合用來描述「樹」這樣的實體。當外星人瞧見一棵樹時，他們會用其他的字來稱呼「樹」。倘若天體運行的軌跡或火箭科學的數學都不是「真實」，那麼外星智慧體看到和用於描述現象的詞彙，或許會跟我們非常不同。

多麼神奇啊！

這是多麼神奇的一件事，數學居然如此符合我們身處的世界——

> 上帝創造整數，其餘一切皆是人的作品。
>
> ——利奧波德・克羅內克
> （Leopold Kronecker）

或者該說，這是必然的。然而這種「多麼神奇」論述，並不支持前述兩種立場。

倘若數學是人類的發明，那麼我們應該會創造出其他能充分用於描述周圍世界的事物；倘若數學為人類的發現，那麼它自然能完美地融合在我們身處的世界，因為就某種宏觀於我們的角度來看，它才是「正確」的。數學之所以「能絕妙地適用在現實中的事物之上」，並不是因為它是真理，更不是因為世界就是依數學所設計的。

小心──它就在你後面！

> 倘若數學是人類思維的產物而與經驗全然無關，那麼其為什麼能絕妙地適用於現實中的事物上？
>
> ──愛因斯坦
> （Albert Einstein）

另一種解釋數學之所以能如此絕妙地用於解釋真實世界，原因在於我們僅看那些符合的部分。這就像將巧合視為某種超自然現象發生的證據般。是的，當我們飛到印尼某個偏僻小鎮度假時卻和朋友巧遇……這是一件多麼神奇的事啊！但這僅僅只是因為我們忽視了那些當你或其他人去了某個地方、卻沒有遇到任何熟人的情況而已。我們只注意值得注意的，而不值得注意的事經常被忽視。同樣地，沒有人會去注意有缺陷的數學，因為它無法用於描述理想的架構。因此，倘若

我們真想評估數學成功的程度，可以先整理出一張數學出錯的範圍清單，想必會是相當合理的作法。

數學那極端不合理的有效性

倘若數學是創造出來的，那麼我們又該如何解釋某些並非基於現實應用而被提出來的數學公式，經常在等到數十年或甚至數百年後，才被發現可以用來解釋現實中的某些情況？

如同匈牙利—美國數學家維格納（Eugene Wigner）於一九六〇年所指出的，許多證據顯示：某些為了單一目地——或根本沒有目的而發想出來的數學，卻在日後被人們發現能以絕妙的精準性，描述自然世界的情況。

「紐結理論」（Knot Theory）就是一個例子。數學上的紐結理論是用於研究一條繩子在兩端相接的情況下，所能變化出來的複雜紐結形狀。該理論出現在一七七〇年代，現在卻拿來用於解釋DNA鏈（遺傳物質）是如何自行解壓縮以進行複製。然而，反對觀點仍舊存在——我們只看自己想看

> 倘若我們創造了一套注意力集中在某一受忽視現象上的理論、從而忽視了當下那些引起我們注意的現象，那麼我們又該如何確定自己無法打造出另外一套儘管和當前理論非常不同、卻同樣能解釋許多現象的理論呢？
>
> ——萊茵哈德・維爾納（Reinhard Werner）

的。我們選擇了被解釋的對象，並遷就手邊所擁有的工具而篩選能被解釋的對象。

或許演化結果讓我們傾向於進行數學式思考，而我們也樂在其中。

紐結理論：三葉結（trefoil knot）或單結（overhand knot）是最簡單且可實際打出來的結，其繩子共出現三次交叉（見下圖31）。沒有其他的結，相交次數低於此種結。而在其之後的紐結數量，急遽增加。

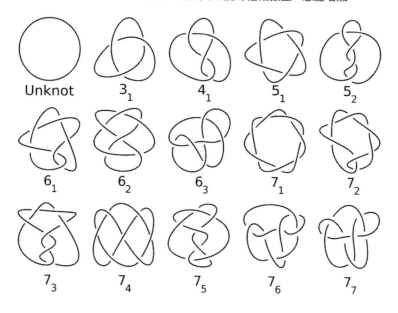

這真的很重要嗎？

倘若你只是想要算清楚家庭開銷或確認餐廳帳單，那

麼數學究竟是被發現還是被發明的，就一點也不重要。這套一致的數學系統能讓社會正常運轉——而且相當有用。因此，事實上，我們大可以「保持冷靜，繼續算數」（keep calm and carry on calculating）。

對純數學家而言，此一問題的出發點是基於哲學，而非實務上的益處：他們面對的是定義整個宇宙根基的巨大謎團？或者，他們不過是在利用某種語言進行一場遊戲，試著寫出一首最優雅且具說服力、還能描述整個宇宙的詩篇？

真正受數學「真實性」影響的領域，是那些人們企圖打破知識邊界、推進科技成就的領域。倘若數學是我們創

數學語言能極其完美地用於闡述物理定律，是一場對我們而言，既難以理解也沒有資格獲得的奇蹟。

——尤金・維格納

造的，我們或許會被自身系統的極限所困囿，而無法透過它來解釋某些特定問題。我們或許將永遠無法達成時空旅行、移動到宇宙的另一端，或創造出人工意識（artificial consciousness），因為我們的數學無法勝任這些任務。我們會想著：或許只要換了一套數學系統，那些不可能的任務就能輕易地解開。

另一方面，倘若數學是被發現的，那麼我們或許（有這個機會）能發現數學的全部，並在宇宙物理定律所允許的範疇內，取得最大成就。倘若如此，那麼數學是被發現的其實也滿好地。可惜我們仍無法確定。

可怕的可能性 ···········   **Key Points**

　　另外一種經常被人們忽視的可能性為：數學是真實的，但我們對數學的了解全盤皆錯，就如同托勒密搞錯太陽系一般。如果我們所發展出來的數學，就和托勒密的宇宙地心說一樣，該怎麼辦呢？我們能放棄一切，從頭來過嗎？在我們已投注如此多心力的此刻，我們很難接受這樣的可能性。

Chapter 2

為什麼我們
需要數字的幫忙？

早在人類社會發展初期，就已經掌握了數字。你
還記得自己是從什麼時候開始，會 1、2、3、4、
5……自言自語地數數嗎？

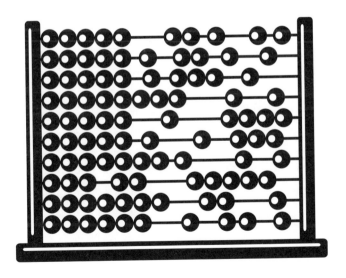

我們對數字已經習以為常到很少會多去思考其意義。孩子們很小就開始學「數數」，而數字和顏色也是他們最早接觸到的抽象概念之一。

從結繩記事開始的數學

人類使用數字的最早紀錄，可追溯至符木（tally）的應用。我們遠古的祖先會利用在木棍、石頭或骨頭上做記號的方式（一隻牲口刻一道）、或將小石子及貝殼從一堆移動到另一堆的方式，來清點牲口數量。

符木的應用並不需要涉及到數字——這跟數數不同。這是一種非常單純的對應系統，利用一種物品或記號來表示另一種物體或現象。假設我們用一個貝殼來對應一隻羊，而每當一隻羊經過時，我們就丟一個貝殼到罐子裡。最後，我們就可以輕易透過貝殼的剩餘數量，來確認是否有羊不見了。你不需要知道自己到底有 58 隻羊，還是 79 隻。你只需要繼續尋找失蹤的羊，並在每找到一隻羊時就丟一個貝殼到罐子裡，直到所有貝殼都被丟進去為止。

在紀錄沈船的天數、運動比分或某些情況裡，我們仍然使用著數數的方式，並在最後才以數字來表示。數數出現在符木之後。

數數與符木——數字書寫系統出現

早在四萬多年以前的石器時代，人類就開始使用符木。但從某一天起，人們開始認為替每一個數「制定名字」，會讓事情更便利。

我們無法確定數數始於哪個年代，但可以肯定的是：當人們開始飼養牲口後，比起說著「有一些羊失蹤了」，「有三隻羊失蹤了」這樣的表達方式，肯定更為有效。

倘若你有三個孩子，並希望每人都有一把長矛，那麼知道自己需要製作三把矛，並動身去找三根強韌的樹枝來製作，絕對比先找到一根樹枝、做成茅，給了第一個孩子，再醒悟到其他孩子沒有、於是再動身去找樹枝、製作矛……等這樣的過程，來得有效率。此外，在交易行為出現後，數字也成為必要的存在。

最早被書寫下來的數字，出現在西元前一萬年左右，地點就在中東伊朗的札格羅斯區域。用來計算羊隻數量的陶土幣（clay token），被保留下來。一個上面刻著「＋」記號的陶土幣，就代表1隻羊。如果你只有幾隻羊，那麼這個方法已經很夠用，但當你有100隻羊時，帶著100個陶土幣絕對是一種負擔。因此，當時的人們發明了用不同的符號，來表示10隻羊或100隻羊，並因此能用更少的陶土

幣來計算羊群數量──即便是999隻羊，也僅需要用到27個陶土幣（100隻羊的陶土幣9個；10隻羊的陶土幣9個；1隻羊的陶土幣9個）。

　　人們會用繩子將這些陶土幣串起，而更常見的作法則是將這些陶土幣加熱，燒製成中空的陶土球。陶土球的外表會刻上其內層所代表的羊隻數量符號。倘若爭議發生時，人們可以將陶土球打破，檢驗數目。而刻在計算羊隻數量陶土球上的數字，就是現存最古老的數字書寫系統。

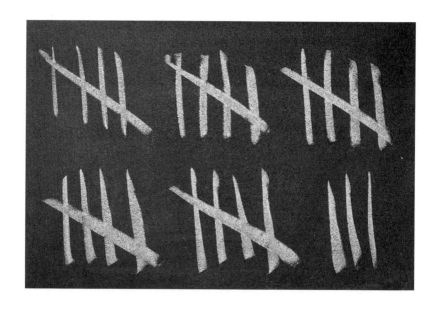

創造數字

　　由於許多數字系統是從「符木」衍生而來，因此經常會用單一符號來表達個數，再分別以不同的符號表達10或100。某些系統也會有代表5、或其他中間數的符號。

　　我們在鐘錶及電影最後的版權資訊中經常看到的羅馬數字，是源自於「一豎」的計數系統。起初，1到4的數字是以 I、II、III 和 IIII 來表達，X 用於表示10，C 用於表示100。中間數 V（五）、L（五十）和 D（五百），則讓龐大的數字能表示得更簡潔些。過了一陣子，出現了在 V 或 X 前面放上一個 I、用來代表減法的表示方法，因此 IV 就代表五減一（亦即4）。與 IIII 相比，IV 在閱讀與書寫上都更為簡便。但這樣的表示方法僅能使用在十的次方上，如 IX（九），因此99不能寫成 IC，而必須用 XCIX 來表示（也就是一百減十和十減一）。

1	2	3	4	5	6	7	8	9	10
I	II	III	IIII 演變為 IV	V	VI	VII	VIII	VIIII 演變為 IX	X

11	19	20	40	50	88	99	100	149	150
XI	XIX	XX	XL	L	LXXXVIII	XCIX	C	CXLIX	CL

數字符號的限制

　　利用重複的記號來表示額外的個數、十與百，會讓數字在書寫上變得較為冗長，因而不利於計算。

　　而類似如羅馬數字這樣的系統——也就是在符號前面增加一個「需要被減去數字」的表示方法，則讓「加法」變得異常困難，因為即便計算出所有符號的數目，仍舊無法得到答案。

　　舉例來看：倘若我們透過計算 C、X、V 和 I 的數量來決定答案，那麼 XCIV ＋ XXIX（94 ＋ 29）和 CXVI ＋ XXXI（116 ＋ 31）的答案將會是一樣的。儘管羅馬人並沒有因此被搞得暈頭轉向，但此系統確實有其侷限——這樣的數學太死板。在分數方面，僅有以 12 為分母的表達方式，沒有十進位的分數——你能想像用不存在「0」此一數字的羅馬數字，來處理複雜的次方（請見第 34 頁的表格）或二次方程式概念嗎？

$$IV^{III} = LXIV$$

$$XIIx^{II} + IVx - IX = I - I$$

　　毫無意外地，羅馬人在數學上並不怎麼突出。

埃及人的分數

古埃及人使用象形文字（hieroglyphs）系統。如同羅馬系統，他們也會運用累積符號。此外，也同樣有分數的存在。

在表現分數時，埃及書吏會在一定數量的筆畫上方，畫上一個「嘴巴」的象形符號。儘管如此，這種方法卻存在著某些問題——它只能表示單位分數（亦即分子為1的分數），且單位分數還不能重複。這意味著我們可以表達 $\frac{3}{4}$（$=\frac{1}{2}\ \frac{1}{4}$），卻無法表達如 $\frac{7}{10}$ 這樣的概念。

唯一的例外為 $\frac{2}{3}$，埃及人會在嘴巴象形文字的下方，畫上兩筆長短不一的直線。

1/2　1/3　2/3　1/4

阿拉伯數字的位值

我們如今所使用的印度阿拉伯數字系統，總共只有九個數字，且可以無窮盡地重複下去。這個系統起源於西元前三世紀的印度，在經過漫長的發展、並得到阿拉伯數學家的改良後，傳播到歐洲地區。此系統採取位值（place value）方式，亦即數字的位置決定其意義。數字的位置愈靠左，位值也愈大。這種系統遠比羅馬系統更有彈性。

千	百	十	個
5	6	9	1

舉例來說，5,691這樣的數字，就結合了：

$$5,000 \quad (5 \times 1,000)$$
$$600 \quad (6 \times 100)$$
$$90 \quad (9 \times 10)$$
$$1 \quad (1 \times 1)$$

Key Points

次方的概念

平方數（squared number）是一個數字乘以自己。舉例來說，三的平方就是3×3。

我們也可以將其寫成3^2。

其讀法為「三的二次方」，亦即將兩個3相乘。

三次方（cubed number）則是再乘以一遍該數字。因此根據上例，三次方為$3 \times 3 \times 3$，可以表示成3^3，亦即「三的三次方」。上標數字（縮在右上角的小數字），稱為次方或冪。

由於二次方和三次方與二維及三維相關，因而在應用上相當普遍。數學上還會使用到更高的次方，但一般而言除非你是理論物理學家，否則你或許不需要去思考現實世界的更多維度。

透過位值，無論是多麼龐大的數字，也能以很少的數字量來表示。羅馬與阿拉伯系統的比較為：

88	=	LXXXVIII
797	=	DCCXCVII
3,839	=	MMMDCCCXXXIX

> 在位數與位數之間，前者為後者的十倍。
>
> ——印度阿拉伯算術方式中，對位值的最早描述，出自印度數學家阿耶波多（Aryabhata，西元四七六至五五〇年）

什麼都沒有——零的起源

只要每一個空位都有一個數字，位值就是完美的。但倘若有空格出現了——以308為例，十位數空下來了，我們該如何表示呢？如果我們像中國人那樣選擇用「留白」來表示，那麼一但沒有小心翼翼的對齊，數字的意思可能就會因此變得模稜兩可：92可以是902，也可以是9002，但這兩個數值有著天差地遠的不同。

印度數字最早也是以留白來表達空下來的位數，但這種留白後來被一點或小小的圓圈所取代。這個符號獲得了一個梵語的名字「sunya」，意思為「空」。當阿拉伯人在西元八世紀左右採納了印度數字後，他們也同時接收了標記著空白的符號，並同樣稱其為空（阿拉伯語為「sifr」），而這就是「零」的起源。

現存最早出現在十進
位中的符號「零」，
可追溯至西元六八三
年的柬埔寨石碑雕
刻。下圖 6 與 5 數字
之間的一個大點，代
表著零，因此該數字
為 605。

　　印度阿拉伯數字最早於西元一千年左右，出現在歐
洲，但直到數個世紀之後，才被廣泛地接納。義大利數
學家波那契──亦即現在大多數人所知道的費波那契
（Fibonacci），早在一二○○年代就開始推廣這些數字，但
商人卻繼續使用著羅馬數字直到十六世紀。

> 九個印度數字為：
> 987654321。只要有這
> 九個數字，再加上 0……
> 所有數字都能表達。
>
> ──費波那契《計算之書》
> （一二○二年）

數字會不會有 「不夠用」的一天？

並不是每一種數字系統，都可以無窮盡地延展下去。但很多時候，這取決於我們（或其他會數數的動物）對無限的想像。

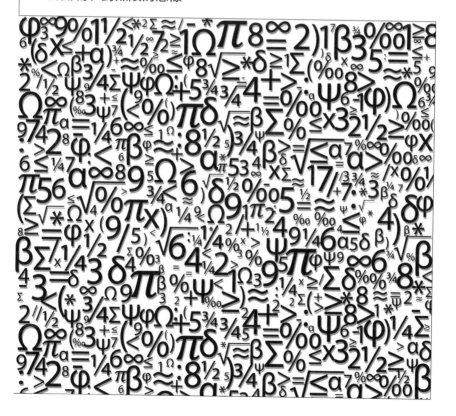

我們的數字系統是無限的——只要不斷增加位數，無論我們腦海中想像到的數字有多大，它都可以配合。但問題是，並非每種系統都是如此。

數字不夠用了？

最簡單的數數系統，就是「兩數」（2-count）。此種系統無法進行計算，但能用來數很少的數量。在兩數的系統之下，1和2擁有特定文字，有時還會有用來表示「很多」（亦即無法計算的較大數值）的文字。南非薩恩人所使用的兩數系統，創造了一系列的2與1。但此種系統的實用性，受人們能記憶多少個「對子」而定。

1　xa

2　t'oa

3　'quo

4　t'oa-t'oa

5　t'oa-t'oa-ta

6　t'oa-t'oa-t'oa

在盛行於馬利（Mali）的蘇皮爾語（Supyire）中，1、5、10、20、80和400，是基本數字的單字。而其餘數字

則是利用這幾個數字來解釋。舉例來說，六百為kàmpwòò ná kwuu shuuní ná bééshùùnnì，亦即**400＋（80×2）＋（20×2）**。

此外，巴拉圭的托巴（Toba），則使用了一種僅擁有1到4這四個數字的系統，其餘數字則必須大量重複使用這四個單字（請見下表）。

用此種系統來算自己的孩子或相對少量的物品，自然沒有問題，但它在功能上的局限性，想必已無需贅言。

1	nathedac
2	cacayni 或 nivoca
3	cacaynilia
4	nalotapegat
5 = 2 + 3	nivoca cacaynilia
6 = 2×3	cacayni cacaynilia
7 = 1 + 2×3	nathedac cacayni cacaynilia
8 = 2×4	nivoca nalotapegat
9 = 2×4 + 1	nivoca nalotapegat nathedac
10 = 2 + 2×4	cacayni nivoca nalotapegat

小小的無限

無限（infinity）經常被視為一個不可數的超大數字（請見第七和第八章）。但對托巴和使用「兩數」方法的南非薩

恩人而言，某些低於一百以下的數字，已經符合他們心目中的無限。對於一個不太在乎抽象數學的社會來說，沒有必要讓無窮大的概念超過一個家庭人口數或牲口數太多。

比零還少

在早期的一般計算中，並不需要「負數」的存在。事實上，古希臘人非常不信任負數，西元三世紀的數學家丟番圖（Diophantus）曾提到 $4x + 20 = 0$，這樣的方程式（只要 x 值為負就能解開），是非常荒謬的。

當然，早年發現自己有三隻羊不見的農人，沒有必要說自己的羊 -3 隻；只要說自己整群羊裡少了三隻就行了。然而在商業上，卻需要能表示負債的方法。假如你借了 100 枚銅板，那麼你的帳戶就是 -100；如果你還了 50 枚銅板，那麼你的帳戶就為 -50。在西元七世紀開始，印度就因為這樣的需求而開始使用負數。

數字的分類學

Key Points

現今，數學家將數字區分成數類：

- 自然數，我們最先學到的數字，也就是我們用來數數的1、2、3等。

- 非負整數（whole number），亦即自然數加上零：0、1、2、3等。（這個概念或許有些弔詭，畢竟零能有多完整？這是一個缺少數值的數字，一個比起完整〔whole〕，更像是一個洞〔hole〕的數。但管它的，數學家說了算。）

- 整數（integers）為非負整數加上小於零的負數：……-3、-2、-1、0、1、2、3……

- 有理數或分數，則是可以用分數來表示的數字，像是½、⅓等。此範疇也包括了整數，因為整數也可以寫成 ¹⁄₁、²⁄₁，依此類推。此外，這些數也包括了介於整數間的所有分數，因為它可以用分數表示，例如：1又½可以寫成 ³⁄₂。所有的有理數都可以用「有限小數」或「循環小數」來表示。所以½等於0.5，而⅓等於0.33333……

- 無理數為那些不能用有限小數或循環小數來表示，或寫成兩個整數之比的數。它們是無限不循環小數。例子為 π、$\sqrt{2}$ 和 e。透過電腦來運算這些數值到小數點後數兆位，仍沒有找到任何循環跡象。

- 實數：以上所有數。

- 虛數：包括 i 的數，其定義為 -1 的平方根（我們不需要擔心這些數）。

但負數出現的時代遠早於此。中國數學家劉徽在三世紀的時候，建立了負數運算的規則。他使用了兩種顏色的算籌（counting rod）──也就他所謂的「正」和「負」，來區分得失。他利用紅色算籌代表正數，黑色算籌代表負數──這個作法與當代的會計習慣剛好相反。

「數數」與測量

儘管很多東西都可以用數的，但有些東西卻很難數得清楚，或根本不能數。在自然界裡，數不清的事物或許比數得清的事物來得多。

我們可以數人、數動物、數植物或數少量的石頭和種子。但儘管理論上我們確實可以數出單次收成中所得到的穀粒總數、森林中樹木的總數或螞蟻窩裡的螞蟻總數，不過實際上卻極難做到。因此，面對這些事物我們更傾向於用測量的方式。早在很久以前，人類就是透過重量或容積來測量穀物。某些事物更適合以這樣的方法來評估：我們會測量液體的容積、石頭的重量（或質量），以及土地的面積（請見第十五章）。

距離數數更遙遠的，還有用於測量（如氣溫）中的假定標度。「標度」也成為使用負數的實例。只要標度不是

從絕對的零開始，負數就能派上用場。無論是在攝氏或華氏之下，溫度計都一定會有負數。而向量（vector，存在方向的量）的表示——一個方向為正、一個方向為負，也必須使用到負的概念。倘若我們順時針轉動45°，這就叫正旋；但如果我們又倒退30°，這樣的轉動則為-30°。離子（帶電荷的粒子）可以帶正電或負電，而離子所攜帶的電將決定它如何與其他物質互動。在日常生活中，我們也可能因為以下種種情況而接觸到負數：

- 電梯中的-1層——低於地面的樓層，因為地面層被視為零層。
- 足球隊統計分數的淨勝球數（goal difference）——失分比得分多。
- 負高度，用於表示低於海平面的地理區域。
- 負的通貨膨脹（通貨緊縮），顯示零售價下跌。

誰會數數呢？

　　儘管我們認為數學是人類獨一無二的行為，但某些動物似乎也懂得數數。科學家發現，某些品種的蠑螈和魚能

分辨兩個規模不同的團體（當這兩個團體個數的比大於2時）。而蜜蜂顯然也能分辨4以內的數字。狐猴和某些品種的猴子具備有限的數字能力，某些品種的鳥則能透過計算來確認自己下的蛋或雛鳥是否都還在。

此類系統在計算數量相對較小的事物上，還算有用，但其極限自然是不言而喻。

數字是真實的嗎？ Key Points

在數學真實性的眾多候選人之中，「非負整數」顯然是最熱門人選。就連波蘭數學家克羅內克（Leopold Kronecker）都接受了它。

非負整數乍看之下相當健康，直到你極其細微地審視它（就好像你能在大自然中看到它們的身影般）。或許就像是三匹狼從森林中跑過。這是真實世界中會發生的事，且非負整數的運用也滿合理的。但事實上，我們無法用明確的邊界來區分這三匹狼。狼的身上總會有原子飛散出去，或進進出出；而當狼彼此摩擦著身體時，牠們也會因為靜電作用而得到更多電子；就連其體內的細胞，都不能算是狼的一部分。我們可以說有一個實體非常近似於狼，但這個實體並不是靜止不變的。我們可以愈看愈細、愈看愈細，直到次原子粒子，但即便在這個情況下，我們仍舊會找到某些「東西」，例如一股或一段能量，在某個時間點下並沒有乖乖待在原地——太難算清楚了。

如果說非負整數是某個時刻的「快照」呢？這個時刻又該多短？我們該如何測量它？我們對延續性（如時間）的測量，完全是一種假想。此外，如同芝諾悖論所顯示的（請見第15頁），倘若我們將時間切割成極細小的片段，那麼邏輯結果將與我們所觀察到的現實背離。

Chapter 4

誰規定 10 代表的一定比 9 還要多？

我們之所以發展出「十進位」的數字系統，或許
是因為我們擁有十根手指頭和腳指頭，讓數到十
最容易。但如果是外星人呢？

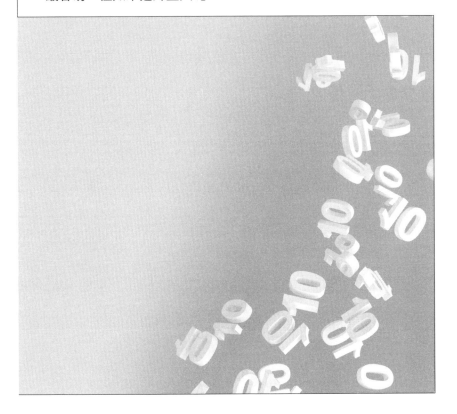

我們會說，我們所使用的數字系統為「十進位」（base-10），也就是在數到9的時候，我們會以個位數為0、下一位數為1的組合——也就是我們所謂的10，重新開始。後續的數字則使用兩位數，一個位數用於顯示10的數量，另一位數則用於表示個數。在繼續來到99時，因為位數已用盡，所以我們將兩位數都放上0、再額外新增一個位數，也就是100。

　　但事情並不一定非如此不可——沒有任何規定指出9必須是一個位數中的最大上限。我們可以使用更多、或更少的數字。

什麼是十進位？

　　「base 10」這個英文名字，沒辦法給予我們什麼資訊；無論個位數停在哪個數字上，新一個位數永遠都是從「10」開始。而另一個使用九進位的外星種族，也很有可能稱自己的系統為十進位，只不過他們缺少了一個——例如9這個數字（0、1、2、3、4、5、6、7、8、10）。我們真的很需要一個新的名字（和曲線），來代替我們用在進位命名上的「10」。

手指、腳趾、腿和觸角

　　我們之所以發展出十進位的數字系統，或許是因為我們擁有十根手指頭和腳指頭，讓數到十變得最為容易。倘若擁有三隻指頭的樹懶，取代人類成為地球上的主宰物種，那麼牠們發展出來的數字系統或許就會是六進位或三進位——甚至是十二進位（只要牠們樂於使用前肢或後肢的指頭）。舉例來說，三進位的系統運作方式如下：

三進位——樹懶 A 的數數方法									
0	1	2	10	11	12	20	21	22	100
六進位——樹懶 B 的數數方法									
0	1	2	3	4	5	10	11	12	13
十進位——人類的數數方法									
0	1	2	3	4	5	6	7	8	9

倘若章魚成為主宰地球的物種，那麼牠們或許會發展出以八為基礎的數數方法（即八進位）。事實上，由於牠們是如此聰明的動物，搞不好真的可以用以八為基礎的方式來數數。

八進位 —— 章魚的數數方法									
0	1	2	3	4	5	6	7	10	11
十進位 —— 人類的數數方法									
0	1	2	3	4	5	6	7	8	9

10、20、60……

我們甚至不需要切換種族，就能觀察不同進位制的運作。巴比倫人使用的是六十進位（請見第六章），而馬雅人則是使用二十進位。

「兩數」使用的是二進位（請見第52頁）。而在許多測量制度上，我們則使用十二作為基礎（例如一英呎等於十二英吋，一先令〔過去〕等於十二便士，一打等於十二個）。即便以人的身體作為起點，也絕不意味著我們非得要以十進位為基礎不可。

紐幾內亞的歐克沙布明（Oksapmin）原住民是以

二十七為基礎，並用身體各個部位來表示，計算時先從其中一手的大拇指開始，沿著手臂向上直到臉部，再順著另一隻手臂延伸至外一隻手，如下圖。

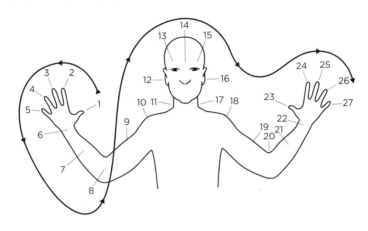

電腦語言中的進位

我們並不是所有東西都是以十進位為基礎。許多電腦語言是以十六進位（hexadecimal）為基礎。但由於我們只有九個數字，因此在十六進位中，十至十五的數字是以字母來表示。

十進位——人類的計數方法																
0	1	2	3	4	5	6	7	8	9	10	11	12	13	14	15	16
十六進位——1號電腦的計算方法																
0	1	2	3	4	5	6	7	8	9	A	B	C	D	E	F	10

你或許曾經注意到電腦上的顏色代碼，例如#a712bb。該代碼為十六進位中的三位元組（triplets）──a7、12、bb，而這三組數值分別對應了電腦上用於組成所有顏色的三原色（紅、綠、藍）。倘若我們將這組代碼轉換成十進位，將變成23（a7 = 16 + 7）、18（12 = 16 + 2）和191（bb = (11×16) + 15）。使用十六進位，也意味著我們可以僅用兩位數，就能儲存較大的數值（最高到255 = ff）。

基本上，電腦上的所有操作都能簡化到二位元，或所謂的二進位。它只需要動用兩個數字──0和1，因此每當我們碰到二時，就以新的位數重新開始。

二進位──2 號電腦的數數方法									
0	1	10	11	100	101	110	111	1000	1001
十進位──人類的數數方法									
0	1	2	3	4	5	6	7	8	9

二進位讓所有數字都能以具有兩種狀態的單一位元來表達──開／關、正／反。這也意味著所有事物都可以利用電子（charge）的存在（presence）或不存在（absence），來記錄在磁碟或磁帶上。

外星人警報

倘若宇宙中存在著某一種智慧生物（事實上也非常有可能，請見第十八章），他們又是如何數數的呢？他們或許有十七個觸手，所以使用十七進位。儘管如此，有極高的機率在某些地方上，他們也同樣發現並使用著二進位（前提是：數字並非人類所創造的）。因此，二進位很有可能成為我們能與對方溝通的方法。

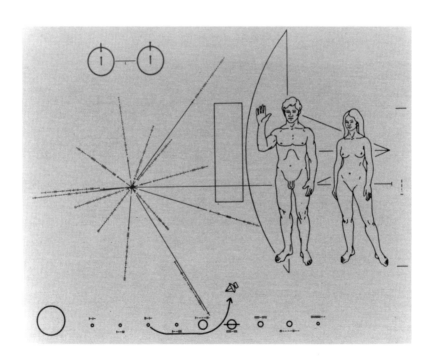

在那塊安裝於先鋒號太空船（Pioneer10和11，先後於一九七二、七三年發射）外層的鍍金鋁板（如上一頁的圖片）上，展示了一個以二進位表示的氫原子，以及自旋向上與向下的電子。這兩者（譯注：自旋向上與向下的電子）的差異，可用於表達特定的時間和距離，而對於擁有太空旅行能力的文明生物而言，他們應該能加以判讀（因為這是全宇宙皆相同）。

我們的底數……

還有其他數數的方法嗎？利用獨立的數字作為我們的數字系統基礎，看似是一件很符合直覺的舉動，但在處理數字上，或許還有其他方法。

倘若我們將圓周率作為底數，並擁有一套特別注重圓形的文化呢？又倘若我們的系統是以次方為基礎呢？這樣的假設一點都不傻，而這也意味著我們會較注重一、二和三維實體的差異（線、面積和體積）。對我們而言，我們根本無法想像這樣的系統該如何運作——但同樣地，我們也根本無法想像倘若我們所能看見的電磁波段與現在完全不同，世界又會是怎麼樣的。舉例來說，蜜蜂可以看得見紫外線，而響尾蛇則看得見紅外線。我們無法排除或許在

宇宙某處的某種生命體，使用著截然不同的數學系統——
或甚至根本不用。

徹底利用底數：對數

所謂的對數，便是「將底數提高至指數次方，以得到
特定數字」。這聽上去相當令人困惑，但其實並不難：

$$y = b^x \Leftrightarrow x = log_b(y)$$
（先別慌！）

讓我們用實際數字作為例子，這就意味著：

$$1,000 = 10^3，因此 \, log_{10}(1,000) = 3$$

對數可以將大數字簡化成較小的數字，因此是處理大
數字的好方法。要想得到兩數相乘的結果，只需要將兩數
取對數後相加；要想得到兩數相除的結果，只需要將兩數
取對數後相減。然後再將答案「去對數化」（de-logify）。

在我們懂得運用計算機及電腦來處理日常事務前，對
數表是協助我們處理複雜運算的方法。

分數次方

　　更難掌握的概念，則是一個數也可以被提高至分數次方——也就是「非整數次方」。對 2 取以 10 為底數的對數，亦即 $log_{10}(2)$，會得到 0.30103。這意味著 $10^{0.30103} = 2$。一個數字該怎麼樣去乘以一個小於一次的自己呢？

　　數學非常狡猾。

　　如果畫一個以二為底數的對數圖，它看上去將如下面的圖那樣。這就是所謂的「對數曲線」，而許多圖也都長得如此。該曲線會非常貼近 Y 軸（X = 0），但永遠不會碰到 Y 軸。

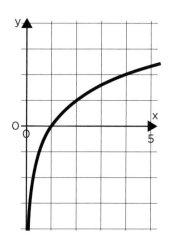

　　一旦畫好這張圖，我們就可以判讀任意數值，包括那

些看似無法計算的分數次方。

由於任一數的零次方皆為 1，因此所有的對數曲線（無論對數的底數為何）與 X 軸都會相交於 1。

$$10^0 = 1$$
$$2^0 = 1$$
$$15.67^0 = 1$$

顯然數字也會跑到零以下的區域。負數次方會得到小於一的值，因為負號告訴我們必須在該數字的上方置上一個 1（該數的倒數），使其成為分數：

$$2^{-1} = \frac{1}{2}$$
$$2^{-2} = \frac{1}{2}^2 = \frac{1}{4}$$

以防萬一：你以為所有的對數都必須以 10 為底數嗎？其實不必如此。舉例來說，16 以 2 為底的對數為 4：

$$16 = 2^4 \text{，因此 } 4 = \log_2(16)$$

許多科學、工程師甚至是金融應用，都會使用到所謂的「自然對數」（natural logarithms）。這是以 e 為底的對數函數，而 e 是一個無理數（無限不循環小數）：2.718281828459……

關於 e

數學家用下面這個看起來很嚇人的方式，來表達此一被稱作 e、或「歐拉數」（Euler's number）的數字：

$$e = \sum_{n=0}^{\infty} \frac{1}{n!}$$

。其意思為：

$$e = 1 + \frac{1}{1} + \frac{1}{1 \times 2} + \frac{1}{1 \times 2 \times 3} + \frac{1}{1 \times 2 \times 3 \times 4} \cdots$$

等……直到無窮。該序列的計算為：

$$e = 1 + \frac{1}{1} + \frac{1}{2} + \frac{1}{6} + \frac{1}{24}$$
$$= 1 + 1 + 0.5 + 0.1666\ldots + 0.4166\ldots$$
$$= 2.70826\ldots$$

自然對數通常以 $\log_e$ 或 ln 來表示。因此，$\log_e(n)$ 就意味著 e 必須乘以多少次方才能得到 n：

$$e^{1.6094} = 5$$

因此⋯⋯

$$\log_e(5) = 1.6094$$

乍看之下或許很無用，但許多事情（例如複利的計算）經常需要用到它。在利率為 R 的情況下，計算 1 美元／英鎊／歐元存了 t 年的複利公式為 e^{Rt}。

假設你將自己的錢用 4% 的利率存了五年，在五年後你將獲得 $e^{0.04 \times 5} = e^{0.2} = 1.22$。假設你放了 10 美元／英鎊／歐元，你會得到：

$$10e^{0.04 \times 5} = 10e^{0.2} = 12.21$$

（額外的 0.01，為答案中的下一個位數，但該答案的小數位數遠超過我們實際使用的貨幣位數。）

e 的實用性：找份好工作

二〇〇七年，Google 公司在美國某些城市張貼了以下內容的海報：

`{first10-digit prime found in consecutive digits of e}.com`

解開這個問題後，你可以找到一個網址（7427466391. com），它會引導你進入下一個更難的挑戰。而解開挑戰後，你就可以進入 Google Labs 頁面——該頁面也邀請所有成功到達此頁面的科技怪客們，申請該公司的職位。

Chapter 5

為什麼最簡單的問題反而最難回答？

對數學家來說，提出一個問題很簡單，但回答一個問題卻無比困難，因為你必須提出堅若磐石的「證明」來說服他們。

所有的偶數都能用兩個質數的總和來表示嗎？這個問題看上去再簡單不過了（儘管好像與我們的日常生活沒有太重要的關聯）。普魯士的業餘數學家哥德巴赫（Christian Goldbach）猜想，任意大於2的偶數，都能以兩個質數之和來表示。一七四二年，他在寫給國際知名數學家歐拉（Leonhard Euler）的信件中，提出這個想法。我們很輕易就能利用少少幾個數字來嘗試，而結果似乎也是正確的：

4 ＝ 2 ＋ 2（2 是唯一的偶質數）

6 ＝ 3 ＋ 3

8 ＝ 5 ＋ 3

10 ＝ 5 ＋ 5

12 ＝ 7 ＋ 5

依此類推，直到：

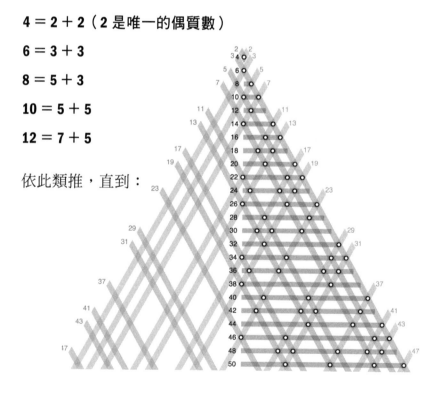

7,614 ＝ 7,607 ＋ 7

然後繼續下去……

第一與質數？

　　儘管「第一」（first）和「質數」（prime）在某些情況下被視為同義，但「1」實際上並不是質數。質數的定義清楚排除了1：所有大於1、且在自身及1以外，沒有任何因數的數字。當然，原因還有許多，但某些原因實在過於複雜，因此不妨就讓我們先接受1之所以不為質數，是因為1太特別。

　　事實上，哥德巴赫「認為」1是質數。而他的第二個想法（現在被稱為「弱哥德巴赫猜想」）則指出，所有大於2的奇數都可以用三個質數之和來表示。而這個定義必須重新改變為：所有大於5的奇數，這樣我們就不用勉強將1放在它已經不合適的位置上。（此一弱猜想終於在二○一三年被秘魯的數學家賀歐夫各特〔Harald Helfgott〕所證明。）

　　而歐拉卻相當不明智地，對哥德巴赫猜想不屑一顧。儘管哥德巴赫能用非常多的數字來確認這個猜想的正確

性，但自始至終他卻無法提出證明。在數學上，即便你用所有數字來確認了一個猜想，這樣的結果仍然不夠——你必須提出證明。

直到今日，哥德巴赫猜想仍未能被證實。電腦測試了這個猜想到 4×10^{18}（4,000,000,000,000,000,000）——但這樣仍不夠好。倘若某個數——像是接近 $10^{2,000,000}$ 的數字不為真，該怎麼辦？我們不會傻到將一個還不是定理的事物，視為定理。且即便 $10^{2,000,000}$ 並沒有實際的用途（已知宇宙中並不存在這樣的數），這件事還是重要的。儘管不斷嘗試的舉動永遠無法證明這個猜想，但卻有可能將它推翻（請見第十章）。基於此一原因，不斷嘗試絕對不是浪費精力的行為。

這稱為猜想……

在數學的世界裡，定理（theorem）是可以被證實的論述。倘若你無法證明自己的想法（無論這個想法是猜測、直覺，某個有很多例子可證明其為真的事物等），你還是只能稱其為猜想。倘若你後來發現了證據，你就可以將它升級為定理。倘若是其他人發現了證明，他們通常能為此定理命名，即便這個東西是好幾個世紀前的。

費馬在他所謂的「最後定理」（請見下欄）中，使出了相當俏皮的一招。他表示自己已經證明了，但沒有足夠的空間將其寫下。當此證明終於在一九九三年被英國數學家懷爾斯（Andrew Wiles）發現後，該定理還是被稱為「費馬最後定理」，因為費馬宣稱自己已經找到了證明（且無論如何，這個名字已經太響亮了）。

費馬最後定理 ······· Key Points

一六三七年，皮埃爾・德・費馬（Pierre de Fermat）在希臘數學家丟番圖的《算數》（*Arithmetica*）書頁邊緣上，寫下了自己的《最後定理》。該內容指出，假設n為大於2的整數，那麼沒有任何三個整數a、b、c（不能為0）能滿足方程式 $a^n + b^n = c^n$。

這意味著儘管——舉例來說—— $3^2 + 4^2 = 5^2$（$9 + 16 = 25$），但在遇到所有大於2的次方時，這個等式都不成立。費馬表示他能加以證明，但由於書頁的邊緣太擠，所以他沒辦法將證明過程寫下來。

誰知道費馬是否真的能證明呢？或許他就是不希望這只是一個猜想而已。

你能證明嗎？

在數學上，提供證明的困難性讓某些極為簡單的問題，也極難被回答。哥德巴赫說他很肯定自己的想法為真，卻無法證明。而電腦則利用所有實用數字以及大量的非實用數字，證實了他的想法可能為真。

> 那個……每一個偶整數都是兩個質數之和，我認為是絕對確定的定理，然而我無法提出證明。
>
> ——哥德巴赫寫給歐拉的信（一七四二年六月七日）

在數學上，所謂的「證明」必須是歸納論證（與演繹相反）。它必須是根據其他已經被確立的證據（定理）或不證自明的真實陳述（公理，axiom）。因此，證明必須根據邏輯與推論。證明的每一步都必須根據已知的事實。有時候，證明也可以是建立在每一種情況的檢驗上（倘若我們可以驗證每一種情況的話）。

舉例來說，倘若我們有一個針對 2 到 400 之間所有偶數的猜想，那麼我們就可以逐一驗證，並觀察結果是否符合此猜想。倘若確實如此，那麼我們就證明了此一猜想，並得到了定理——但一般而言，情況並非如此。以哥德巴

赫的猜想為例，數字是無窮的，因而我們無法檢驗每一個偶數。因此，我們需要的是一個能以「變數」來代表所有數字的證明。

歐幾里得與那些「公理」們

我們情願接受那些「不證自明的真理」，即所謂的公理（axioms）。那什麼樣的事物才稱得上不證自明的真理呢？對你我而言，1 + 1 = 2 或許已經就是不證自明的公理，但對數學家來說，唯有證明其為真，才能讓他們接受。

而公理甚至更基本。

希臘數學家——亞歷山卓的歐幾里德（Euclid，西元前三百世紀），在那本據傳應是他本人所著的《幾何原本》中，提出了五大公設（postulates），該書也意外地成為歷史上，除宗教書籍外，最耐得起時間考驗的作品；在超過兩千年的時間裡，這本書一直是幾何學的最佳教科書：

1. 給予任意兩點，就能在它們之間畫出一條直線（即構成所謂的「線段」）。

2. 任一線段皆可以無限延伸——亦即我們可以永無止盡地將一條線延伸下去（你看，真的有某些事情是

FUCLIDES

不證自明的真理）。

3. 給定一點和一條以此點為起始的線段，我們可以畫出一個以此點為圓心、以此線段為半徑的圓（這句話乍聽之下有點難，直到我們將其形象化。這個點就是我們將圓規尖端固定住的點。而線段就是我們拉開圓規腿的距離。現在，你可以將旋轉圓規，畫出一個圓）。

4. 所有的直角都相等。

5. 給定兩條直線，再畫一條通過這兩條直線的線段。假如此線同一側的內角相加之和小於180°，則此兩條線最終會相交。這聽起來簡直嚇人的複雜，但意思其實就是像右頁上方這樣的兩條直線。

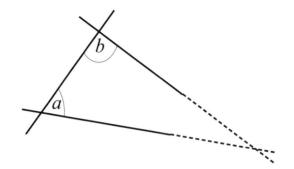

由於 a＋b 之和小於 180°，因此這兩條線最終會交會在一起，並構成一個三角形。

歐幾里德也確立了五個「公理」（common notions）：

- 與同一事物相等的事物，彼此相等（假設a＝b，b＝c，那麼a＝c）。
- 將相等的事物同時加上相等的事物，結果仍相等（假設a＝b，那麼a＋c＝b＋c）。
- 相等的事物同時減去相等的事物，餘數仍然相等（假設a＝b，那麼a－c＝b－c）。
- 兩個可以重合的事物，彼此相等。
- 整體大於局部。

歐幾里德尤其關注幾何學，而他的公設也是專為這門

學問所提出來的。近期，數學家正試著讓公設盡可能地不受內容（content）與文字（context）所限。

數學陳述與特定情境的連結愈淡，其實用性也愈高。然而，對街上絕大多數的非數學家而言，看上去愈不實用的陳述，也意味著其與現實應用的關係愈遠。

進行測試

該如何證明呢？不妨參考大家都很熟悉的「畢氏定理」（Pythagoras's theorem）。該定理指出，直角三角形中較短兩邊的平方之和，會等於長邊的平方（一般都是這樣表示：直角三角形的斜邊平方，等於另兩條邊的平方相加）。

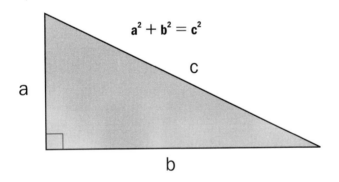

我們該如何證明此一定理呢？方式有數種，但這裡我

們只以一種方法為例。

首先，我們利用四個三角形來畫出一個正方形，如同右圖中的灰色區域。

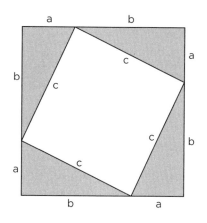

這些直角三角形將成為正方形的四個角。因此，我們會得到一個中間還有一個較小正方形的大正方形。透過右邊的圖示，你或許已經立刻看出來該如何證明。大正方形的邊長為 a＋b，因此其面積等於：

A ＝（a＋b）（a＋b）

而每一個小三角形的面積為：

½×ab

中間的正方形其面積為：

c²

因此，我們可以用兩種方式來表達大正方形的面積：

$A = (a + b)(a + b)$

和

$A = c^2 + 4 \times (\frac{1}{2} \times ab)$

將算式展開的話，我們會得到：

$A = a^2 + 2ab + b^2$

以及

$A = c^2 + 2ab$

因此，我們可以寫下：

$A = a^2 + 2ab + b^2 = c^2 + 2ab$

將2ab從等號兩邊刪掉：

$$a^2 + b^2 = c^2$$

鏘鏘！（或者，更正式的——QED——故得證）

因為我們能以變數a、b、c來代替任意數，所以我們可以確認此陳述為真，畢氏定理也確實有資格被稱為定理。我們不需要拿自己可以想到的每一種三角形來嘗試，因為證明告訴我們所有直角三角形——無論面積是大或小，都會符合此定理。無論三角形的一邊長為一奈米還是四百億公里，結果仍舊不變。

因此，我們認為困難的問題很難回答，是基於我們的直覺。但對數學家來說，「答案超明顯」或經驗證據，都不足以說服他們。

Chapter 6

巴比倫人為你
每天的吃喝拉撒
做了什麼？

你幾點鐘起床？在手錶指針呈現哪個角度時出
門？你的星座是什麼？我們日常生活中的某些發
明，其由來遠比你猜測得還要古老……

從 60 開始

巴比倫人的數字系統是建構在 10 和 60 之上。儘管他們的系統經常被稱為「六十進位系統」，但他們也會將 10 作為斷點（break point，請見第四章）。巴比倫人僅使用了兩種符號來表示數字——重複使用代表 1 的符號，直到該符號累積到 9 個以後，再以新的符號來表示 10。他們可以用 1 和 10 的符號表達直到 60 的數字，接著再重新將 1 的符號放置到不同位置。這也意味著僅需利用兩種符號的結合，就可透過不同的位置來表示各種數字，如右頁圖表。

而用來表示 60 的位置，可以疊加使用 59 次，接著再以其他位置來表示 3,600 的倍數。

空格是此種表示方法的關鍵。數字 𒌋𒌋 代表的是 $2 \times 1 = 2$，但假如 𒌋𒌋 之間有空格——亦即 𒌋 𒌋，那麼其意思就變成 $(60 \times 1) + (1 \times 1) = 61$。而式子中歪斜的符號代表著 0，但 0 只會出現在數字中。

𒌋 $= 60 \times 60 = 3{,}600$

𒌋 𒌋 $= 3{,}600 + 60 = 3{,}660$

𒌋 𒀸 𒌋 $= 3{,}600 + 0 + 1 = 3{,}601$

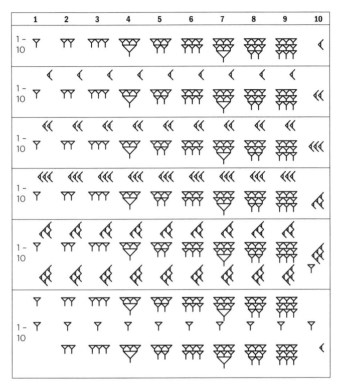

	1	2	3	4	5	6	7	8	9	10

秒與分

　　儘管巴比倫人無法非常精密地測量時間，但一小時等於六十分鐘，以及一分鐘等於六十秒的概念，正是源自於巴比倫人的數字系統。

　　一個圓有360度。而度又可以逐一切割成六十分、每一分可以切成六十秒。就四千年後的今天而言，我們已經很難在現有體系中抹去60的存在。60甚至以超乎巴比倫人最瘋狂想像的方式，長驅直入至新的系統內。可觀測宇宙的範圍，是以吉秒差距（gigaparsecs，請見第十五章）來測量。秒差距（parsec）的定義是建立在將角度切割成360度，然後再進一步切割成60分與60秒。

為什麼是60？

　　60是一個用處非常廣泛的數字，因為它擁有很多因數（2、3、4、5、6、10、12、15、20、30）。其中，12是一個很重要的因數（12×5 = 60），而巴比倫人也毫不客氣地大量使用它。巴比倫人（還有在此之前的蘇美人）起了個頭，埃及人則再接再厲。他們將一天切割成十二個小時——白天有十二個小時，黑夜也有十二個小時。在一年之中的不同季節裡，小時的長度也有所不同，因為日照時

間會被切割成十二等分、而夜晚也會被切割成十二等分
（通常也與白日的十二等分長短不同）。

　　頭一個想到讓每小時擁有固定長度的人，是古希臘
人。但一直到中世紀及機械鐘的問世後，他們的想法才真
正流行起來。對住在離赤道相對很近的巴比倫人來說，每
個小時的長短在一年之中並不會有太大的改變。但假使巴
比倫人住在芬蘭附近，那麼或許打從一開始，他們就會決
定採用固定小時制。

　　阿拉伯學者比魯尼（al-Biruni）在西元一千年時，首度
提出「分」和「秒」的概念。秒被定義為一平均太陽日的
$1/86,400^{th}$。然而，當時並無法如此精確地測量時間，且對
當代、甚至是數個世紀以後的人類而言，分與秒的存在根
本不重要。

時間與空間

　　無論是用於測量幾何學中的角度或時間長短，分和秒
都是常見的單位。起初，它們是用於測量角度，後來之所
以會和時間結合在一起，則是因為圓形計時裝置的誕生。

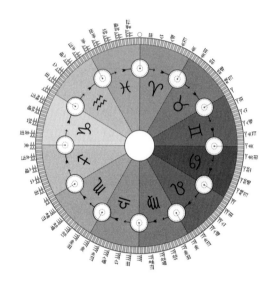

　　希臘天文學家厄拉托西尼（Eratosthenes，西元前
二七六至一九四年）在最早版本的緯度中，將一個圓切割
成60等分。該緯度是以數條通過當代知名地點的水平線
來表示（儘管那是一個規模要小得多的已知世界）。

　　約莫在一百年後，希巴克斯（Hipparchus）加入了一個
囊括了360°──北起北極、南至南極的經度線系統。再
隔了兩百五十年──也就是西元一五〇年左右，托勒密將
360°切割成更細等分。每一度被切割成六十等分，而每一
等分再被細分成更小的六十等分。英文的「minute」（分）
和「second」（秒），分別源自於拉丁文的「partes minutae

primae」（第一個很小的部分）和「partes minutae secundae」
（第二個很小的部分）。

半小時與四分之一小時

在十四世紀時，時鐘的鐘面會依照小時（而不是分鐘）
來進行分割。而每一小時會被切成四等份和二等份，這也
是傳統上時鐘會在這些時間點上響起的原因。一直到鐘擺
於一六九〇年被發明後，能準確測量分鐘，而分鐘也因此
成為鐘面上常見設計的情況，才在十七世紀末被確立。

由於鐘面為圓形，且每個小時也已經被切割成四等
份，因此將一小時切成六十分鐘是非常符合邏輯的做
法——這意味著每一分鐘等於6°，且每一秒等於0.1°（我
們需要一個非常巨大的鐘面才能清楚地表示出秒）。

Chapter 7

肉眼能看見的「天文數字」有多大呢？

一般來說，所有的數字都有其用處，但某些數字實在是大到難以實際操作。對某些數學家而言，「數字的盡頭」始終是一個迷人的疑問。

在我們還很小的時候，或許都嘗試過從一數到一百萬。倘若你真的這麼做過，那麼想必早在你實際數到一百萬之前，你就已經乖乖放棄。

這件事要花上多久的時間來完成呢？倘若我們以不吃不喝、不眠不休的方式，每一秒鐘數一個數，那麼數到一百萬總共要花上十一天半。這件事並非做不到。倘若你還是保留睡覺與進食的時間，再利用稍微少於一半的時間來進行數數，那麼這這件事約能在一個月內完成。

倘若你真的成功了，你或許會想挑戰數到十億。不過這絕對不是個好主意。以同樣的速度（日以繼夜地以一秒數一個數字的節奏），這件事將花上你三十一年又八個半月的時間。

我們從來沒能真正掌握天文數字間的差異；因為我們總是輕易地忘了它們能以多麼驚人的速度飆升。倘若你認為用三十一年來數十億實在太無聊了，那麼數到一兆呢？這將花上三萬一千七百年。倘若你從上個冰河時期末開始數，此刻你大概才數到了三分之一左右（還在三千億附近）。

在我開始動手寫這本書的那一天，美國的國債約莫超過十八兆美元一點點。事實上，這個「一點點」有

一千七百億美元，就本質來說，這一點都不小。讓我們假設這筆債從575,800年前、以每一秒鐘一美元的速度（利息為0）開始累積。在那個時代，現代人甚至還沒演化出來。也許，借走第一塊錢的是雕齒獸（glyptodon）。

日期			債務
575,800 年以前	雕齒獸		$1
200,000 年以前	現代人		$11.86 兆
15,000 年以前	美國出現人類		$15 兆
9,650 年以前	長毛象於陸地上絕跡		$17.87 兆

日期			債務
4,485 年以前	埃及開始 蓋金字塔		$18.03 兆
西元 450 年	羅馬帝國終結		$18.12 兆
1620 年	《五月花號》 首航		$18.158 兆
1776 年	美國獨立		$18.163 兆

　　這個表格稍稍讓我們理解了何謂「兆」。但在眾多天文數字裡，兆不過是一個很微小的概念。

省點紙吧！

　　倘若我們仿效經濟學家和銀行家的日常，將那些超大的數字（如億或兆）寫出來，我們將會用掉大量的實體紙

張或螢幕。而這些超大數字也會不利於閱讀——在你知道該如何讀最左邊的數字之前，你還必須先數一數總共有幾個位數。我們很輕鬆就能判斷出下面這個數字為二十億：

2,000,000,000

但下面的這個數字，你是否能在不停下來數一數總共有幾位數的情況下，就大聲地朗讀出來呢？

234,168,017,329,112

科學記號讓大數字的書寫，變得較為簡單。與其將一百萬寫成 1,000,000，我們可以寫作 10^6，或十的六次方。這也意味著將 10 自乘六次：

$10 \times 10 \times 10 \times 10 \times 10 \times 10$

$10 \times 10 = 100$
$100 \times 10 = 1,000$
$1,000 \times 10 = 10,000$

$$10,000 \times 10 = 100,000$$
$$100,000 \times 10 = 1,000,000$$

因此 10^6，就是 1 的後面加上六個 0。十億為 10^9 或 1 的後面加九個 0。一兆為 10^{12}——絕對比 1,000,000,000,000 來得好讀又好寫！

Illions（百萬）和 [n]illions

「Trillion」（兆）離「illions」的盡頭，還遠得很。我們還要面對以下：

Quadrillion	10^{15}
Quintillion	10^{18}
Sextillion	10^{21}
Septillion	10^{24}
Octillion	10^{27}
Nonillion	10^{30}
Decillion	10^{33}
Undecillion	10^{36}
Duodecillion	10^{39}

Tredecillion	10^{42}
Quattuordecillion	10^{45}
Quindecillion	10^{48}
Sexdecillion(Sedecillion)	10^{51}
Septendecillion	10^{54}
Octodecillion	10^{57}
Novemdecillion(Novendecillion)	10^{60}
Vigintillion	10^{63}
Centillion	10^{303}

認識名詞

看到最後一行的「Centillion」居然有303個0，你的感覺一定很奇怪，為什麼不是100個0呢？

拉丁文的數字前綴（bi、tri等等）並不會顯示0的數量，它只是展示了在某個大於一千（三個0）的數字，究竟還有多少組額外的0（三個0為一組）。

因此，「million」（百萬，1,000,000）比擁有三個0的一千，還多了一組0。

至於「billion」（十億，1,000,000,000），則擁有額外兩

組0（也因此使用了帶有『雙』之意思的前綴bi-）。

而「trillion」（兆）擁有額外三組0。

「centillion」擁有額外100組0——因此再加上原有的1,000後，總共有303個0。

你能算到多高？

還有兩個非常著名的數字，它們的名稱並沒有落在「illion」系列之中：古戈爾（Googol）和古戈爾普勒克斯（googolplex）。古戈爾表示的，是1的後面再加一百個0。至少我們可以將它寫出來：

10,000,000,000,000,000,000,000,000,000,000,000, 000, 000,000,000,000,000,000,000,000,000,000,000, 000,000, 000,000,000,000,000,000

而古戈爾普勒克斯則是超乎想像的超級天文數字：十的谷戈爾次方，可以將它寫作10^{googol}。創造這兩個詞彙的人，是美國數學家卡斯納（Edward Kasner）的九歲外甥——米爾頓・西羅蒂（Milton Sirott）。而他最初對古戈爾普勒克斯的描述，是在1的後面加上直到你崩潰前所能寫下的

0的個數。

谷戈爾普勒克斯是如此巨大，即便用盡整個宇宙存在的時間也無法完整輸入這個數字；即便用盡宇宙中的所有物質，也無法將這個數字印刷出來。以雜誌字體大小10pt為例，印出來的數字長度將是已知宇宙間距離的5×10^{68}倍。

事實上，谷戈爾普勒克斯還是可以維持原本的定義——在1的後面加上無數多個0直到你厭倦為止，反正它根本是一個毫無用處的數字（至少就我們身處的宇宙而言）。

即便是谷戈爾，實際上也沒有任何實用價值。根據估計，宇宙中的基本粒子（也就是次原子粒子）數量為10^{80}或10^{81}。由於光是古戈爾，就比這個數目大了10,000,000,000,000,000,000倍（等於10^{19}個如我們這般大的宇宙次原子粒子數），因此，古戈爾普勒克斯對我們而言，實在有點太大了。

某些數學家致力於研究該如何將那些即便透過科學記號、也很難表達出來的數字表達出來。倘若你實在厭倦了將自己所使用的超級無敵霹靂長10次方寫出來（到底什麼時候用到的？），你可以採取下列這些方法。

美國數學家高德納（David Knuth）的方法，是利用「^」這個符號來表示次方。因此，「n^m」就意味著「n的m次方」。這個方法在現在的電腦中相當常見（舉例來說，在Excel裡，＝ 10^6 等於 10^6）。

n^2 = n^2	3^2 為 3^2 ＝ 3×3 ＝ 9
n^3 = n^3	3^3 為 3^3 ＝ 3×3×3 ＝ 27
n^4 = n^4	3^4 為 3^4 ＝ 3×3×3×3 ＝ 81

而高納德也允許「^」這個符號被連續使用。因此「n^^m」就意味著「n的 m^m 次方」。換句話說：

3^3 為 3^3 ＝ 27

3^^3 為 3^（3^3）＝ 3^{27} ＝ 7,625,597,484,987（哇喔，我們已經進入到數兆位了！）

而將「^」連用三次「^^^」，就會得到超級大數字：

3^^^3 可以寫成 3^^4，也就是──

$3\^3\^3\^3 = 3\^3^{27} = 3^{7,625,597,484,987}$

很快的，數字就變得難以閱讀（且超乎想像的巨大）。人們也想出了其他辦法，來書寫甚至比這更為龐大的數字——那些我們永遠都不可能用到的數字。而那些被塞在不同形狀內（如三角形或正方形）的單一數字，看上去甚至已經不像數字了。

想怎麼編，就怎麼編吧！

我們可以繼續編造出更大的數字。取「葛立恆數」（Graham's number）的平方（請見下一頁）？還是10的葛立恆數次方？……有無窮盡的數字可供我們命名。問題是：這就意味著它們確實存在、且具有意義嗎？

史上最大的數

　　數學問題中曾經出現過的最大數字，為葛立恆數。這個數字大到我們無法用任何具意義的方式來呈現。它被認為是某個數學問題可能解的最大上限（儘管數學家認為該問題的真正答案或許為6）。但這看上去更像是數學在報復我們，並說著，「哎呀，是喔……管他的，6也可以啦！」

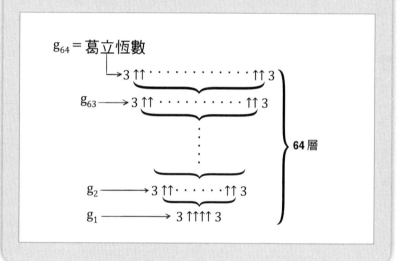

Chapter 8

天長地久有時盡？「無窮」可以被量化嗎？

所謂的「宇宙」，可以容納無窮無盡的事物嗎？

倘若那些超級無敵霹靂大的數字根本一點用處都

沒有，那麼「無窮」又有多少用處呢？

最初，我們認為宇宙的極限只能是二選一：無窮，或有限。倘若宇宙是有限的，那麼它自然不可能容納得下任何無窮之事物，不是嗎？然而，宇宙偏偏可以。但不妨先讓我們進一步探索「何謂無窮」。

無止盡的數字

多數被問到「何謂無窮」的人，都會想到從1（或0）開始，那一連串永無止盡——通過古戈爾或甚至是古戈爾普勒克斯後，繼續義無反顧向上攀升的數字串。我們永遠都可以再加上一個1、將1變成9，或將這個數字自乘一遍——在無窮的路上，沒有盡頭。

這樣的說法並沒有錯。但無止盡的數可不僅限於從零開始、逐漸變大的數字，更包括了無窮負數（從0開始，無止盡變小的數字）。

有多少個無窮？

倘若光是這樣你仍嫌不夠，那麼我們還有無窮分數（像是1直到古戈爾等），以及無窮小數（0.1、0.11等）。在你終於想通了0.1111可以無窮盡延續下去的同時，你突然想到還有0.121111直到無窮……因此，光是在0與1之間，

就已經有一大堆無窮。而1和2之間、0與-1間也同樣如此。因此，我們可以毫不遲疑地說：有「無窮個」無窮。

無窮有多大？

如同好奇心旺盛的孩子總愛問你的：無窮有多大？當我們開始考量到有多個無窮存在時，這個問題的複雜性也立刻被提升到另一個新的維度。常識告訴我們，「無窮偶數的數量，必定為無窮整數數量的一半，且與無窮奇數的數量相同」。然而，這些數字可以永無止盡地綿延下去。

從1,000到無窮

Key Points

在一六五五年以前，無窮的符號「∞」還只是M（羅馬數字中的千）的替代品。而在英國數學家沃利斯（John Wallis，一六一六至一七○三年）的建議下，「∞」才成為無窮的符號。

Johannes Wallis, S.T.D.
Geometria Professor Savilianus Oxoniæ.

數線上任兩個數之間，都存在著無窮，而每一個無理數也都能有無窮個位數。但想必1與2之間的無窮，不可能和正整數與負整數間的無窮一樣大，對吧？一八七四年，俄國數學家康托爾（Georg Cantor）驚人地證明了「無窮也有大小之分」（並於一八九一年再次證明）。

可侷限的無窮

　　我們總喜歡想像所謂的無窮，是一種無止盡朝虛空處延伸的畫面。因此，無窮「可以被侷限」的概念（舉例來說，在0與1之間），相當新穎。即便如此，當你在想像0與1之間的無窮時，你或許仍舊會想像著一連串朝遙遠處綿延的數字。永遠看不到極限。

　　然而，我們可以透過分數來（較好地）掌握無窮。

　　碎形（fractal）是一種無窮複製的形狀，也是一種可見、或可想像的無窮。「科赫雪花」（Koch snowflake）是碎形最經典的例子。你可以先畫出一個等邊三角形（三邊相等）。接著，將該三角形的三邊各自均分成三等份，取正中間的一等份為底邊，再畫出一個等邊三角形。將前一個步驟中的底邊擦掉，就可以得到一個星形（數學中的六角星）。再對較小的三角形重複相同步驟，我們可以無止盡地畫下

去（請見下圖）。

　　每當我們畫出一組新的尖角三角形時，該形狀的邊長也會增加三分之一（想想看：你擦掉了每一條邊的三分之一，但增加了同樣的三分之一兩次；新增的一次可以和被擦掉的一次相抵銷，然後留下一段新的邊長——而這段邊長為原有邊長的三分之一）。顯然地，儘管每一次新增的邊長都愈來愈短，但無窮盡畫下去的舉動，還是會讓此一形狀的邊長，變得愈來愈長。

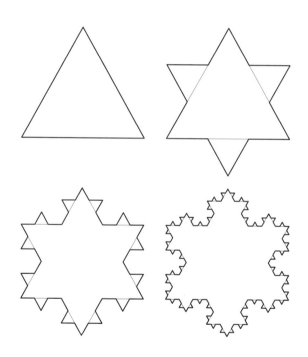

假設原有邊長為 s，重複次數為 n，那麼總邊長（P）的算式將為：

$$P = 3s \times \left(\tfrac{4}{3}\right)^n$$

隨著 n 繼續增加，邊長也將無窮地延伸下去（因為$\tfrac{4}{3}$大於 1，因此$\left(\tfrac{4}{3}\right)^n$會愈來愈大）。

每一個新三角形所圍出來的面積，都將是前一個新三角形面積的九分之一。這也意味著：假設第一個三角形的面積為 9 cm²，那麼每個星形頂點的面積將為 9÷9 = 1 cm²，而我們有三個新的尖角，因此整個星形的面積將為 9 + 3 = 12 cm²。以第一個雪花來看，每個新三角形會增加 1÷9 =$\tfrac{1}{9}$ cm²，而總共有 12 個新三角形，因此整個雪花的面積將變成：

$$12 + \left(12 \times \tfrac{1}{9}\right) = 12 + 1\tfrac{3}{9} = 13\tfrac{1}{3}$$

碎形動作

碎形設計還有非常多種，例如曼德博（Mandelbrot）圖形就是相當知名的例子（衍生自複數級數）。

找出公式 ⋯⋯⋯⋯⋯⋯⋯⋯⋯⋯⋯⋯⋯⋯⋯⋯

假設最初三角形面積為 a_0，那麼面積公式為（假如你不喜歡公式，請閉上雙眼）：

$$A_n = a_0 \left(1 + \frac{3}{5} \left(1 - \left(\frac{4}{9} \right)^n \right) \right)$$

$$= a_0 \left(8 - 3 \left(\frac{4}{9} \right)^n \right)$$

由於 $\frac{4}{9}$ 小於 1，因此 $\left(\frac{4}{9} \right)^n$ 會變得愈來愈小，因此面積將朝著有限極限靠近。事實上，我們會發現該面積朝著原有三角形面積的 $\frac{8}{5}$ 靠近。

在自然界裡，碎形或近碎形相當常見，它們存在於那些在一定體積下、擁有最大表面積而得利的結構中。實際的例子如血管與樹根的構造、肺部裡的肺泡分支，以及河口三角洲、山脈甚至是閃電的結構。

有限無窮

儘管理論上，這種圖形可以無窮盡地重複，但在大自然裡，事情自然不可能真的如此。某些時候，我們會因為

粒子大小的極限，而無法繼續進行重複的動作。它們描述了一個可以永無止盡延伸下去的步驟或程序，但是就我們目前所知，沒有什麼事物真的為無窮。即便如此，對數學而言，無窮和無窮小的概念卻非常有用，如同我們即將在〈第二十六章〉所探討到的。

透過此一根據「曼德博集合」所畫出來的電腦繪圖，展示了此一碎形圖像邊界那極細緻且無窮複雜的特質，而這也是數學之美最著名的一個例子。

Chapter 9

媒體上的統計數字是怎麼操弄我們的？

小心，眼見不一定為真！很多時候，所謂的「統計數字」不過是一個糟糕的謊言——如果你知道如何正確解讀這些數字的話。

每天在報章雜誌上，各種統計數字滿天飛，而這些統計也經常以「企圖說服我們接受某一特定觀點」的角度來呈現。若想避免被這些資訊操控，我們不僅需要去理解統計背後的真實意義，還需要了解我們對數字的感受。而這其中牽涉到了同等份量的數學與心理學。

審視統計的各種方法

　　同樣的數字，有千百種表達方式，而不同的方式也會導致我們有不一樣的反應。記者、廣告商及政治人物會以特定方法來呈現數字，企圖刺激我們，讓我們以某種角度來解讀資訊。同一件事，有下列這麼多種表達方法：

- 5分之1
- 0.2的機率
- 20%的機會
- 10個中的2個
- 5:1的發生比
- 50分之10
- 每100個之中的20個
- 100萬中的20萬

即便如此，我們對這些數字的反應卻大不相同。最後一項——100萬中的20萬，聽起來更令人印象深刻，因為我們看見了一個龐大的數字。「100個之中的20個」確實比「10個裡頭的2個」更令人印象深刻，因為我們認為2不過是一個小數字。這是一種擁有相當多證據的發現，被稱之為「比率偏差」（Ratio bias）。這種現象甚至會讓人們選擇獲勝機率較小的事物。

下面的實驗，完美地展示了何謂比率偏差。受試者會看到兩個分別裝著不同玻璃珠的碗：

- 有十個玻璃珠，九個白色，一個紅色
- 有一百個玻璃珠，九十二個白色，八個紅色

受試者被告知，他們必須在眼睛矇起來的情況下，挑出紅色的玻璃珠。而為了提高自己摸中紅色珠子的機率，他們應該選擇哪個碗呢？

在這個測驗中，總共有53％的受試者選擇了裝了100顆珠子的碗。

這是錯誤的選擇：從第一個碗中摸中紅色珠子的機率為10％（百分之十或十分之一），而第二個碗的機率卻僅

有8%（百分之八）。

第二個碗裡有更多紅色珠子的情況，讓受試者誤以為選中紅色珠子的機率比較高，而這樣的念頭迷惑了部分受試者。他們完全忽視了在這樣的情況下，他們也有更高（且不成比例地多）的機率選中白色珠子。從第二個碗裡挑中紅色珠子的機率，低於從第一個碗裡挑出紅色珠子的機率。結果顯示，有一半的受試者不知道該如何將自己選中紅色珠子的機率最大化。

大數字更能震撼人心

人們認為大數字遠比小數字來得重要。

科學家將樣本受試者分為兩派，並請受試者來評估癌症對健康造成威脅的嚴重程度。與那些被告知每一天有100人死於癌症的受試者相比，被告知每一年有36,500人死於癌症的受試者，更傾向於認為癌症的風險很高。

在另一項研究中，被告知每一萬人裡會有1,286人死於癌症的受試者，對癌症的擔憂程度，明顯高於那些被告知在一百人之中會有24人死於癌症者（儘管後者的機率近乎高於前者兩倍——24%比上12.9%）。

這樣的偏差，會導致人們做出危險的選擇。在被詢問

到他們是否願意接受某項具有已知死亡風險的治療時，人們的答案往往會視數據被呈現的方式，而受到左右。

如果用一百人為單位來表示過去患者的死亡率，受試者願意接受的風險程度往往更高（與以一千人為單位所呈現的死亡率相比）。在前者的情況下，潛在病患願意接受的死亡率可以高達37.1%，而後者卻只有17.6%。

較大的數目（176對37）蒙蔽了他們，讓他們避開了程度較低的風險。

千萬不要追根究柢！

在被詢問到哪一個分數比較大時，人們傾向於只拿分子（位於分數上方的數字）做比較，並忽視分母（下方的數字）。這也是為什麼讓人們在挑選玻璃珠時，更傾向於選擇 $\frac{9}{100}$，而不是 $\frac{1}{10}$。對整體數字的徹底忽視，就稱為「分母的忽略」（Denominator neglect）。

具有商業頭腦的你，可以好好善用這種情況。假設你正在一場餐會上為某個慈善單位募款，而你希望說服人們用金錢來換取贏得遊戲的機會。那麼，你可以善用對分母的忽略或比率偏差，來誘使人們去玩那些儘管看上去更容易獲勝、但其實獲勝機率較低的遊戲。比起「每十個人之

中，就有一人能贏得獎金」的標語，「每一百人之中，就有八人能中獎！」的標語絕對能吸引到更多人參加（『！』的增添與數學無關，但它所具有的驚訝與激動語氣，確實能對讀者產生影響）。

那些沒說的事？

記者、廣告商和政治人物操控我們想法的另一種手段，就是透過深思熟慮的選擇與措辭。你不妨試著翻轉那些夾雜著數字的句子，窺探其背後的真正意義：

- 在此政府的管理下，有30%的人過得更糟＝與上一屆政府相比，有至少70%的人擁有跟過去一樣的生活水平。
- 有四分之一的筆電會在二十四個月內壞掉＝有四分之三的筆電在二十四個月後，仍能良好地運作。
- 每五十位居民之中，有三十位能活到超過七十歲＝有40%的居民會在七十歲前離世。

透過聚焦於數學性數據的某一面，數據提供者能誘使我們以正面、或負面的態度去思考。而他們也可以透過

讓我們更難去聯想事情另一面的陳述方法，來強化此一效果。假如最後一個例子——「每五十位居民之中，有三十位能活到超過七十歲」，改以「有60％的居民能活超過七十歲」來呈現，我們或許就會稍微聯想到這意味著還有40％的居民，在活到此一年齡前就已經過世。但三十看上去更多，且我們還必須在心裡換算一下（50－30，再將20轉換成百分比），才能得到此一陳述的真貌。

尋找背景脈絡

另一個把戲，則是孤立統計數據。缺乏「背景脈絡」的數字不具有意義。倘若我們聽到某間學校裡有二十名學生因為濫用藥物而被停學，我們一定會覺得事情相當嚴重。但與擁有兩千名學生的學校相比，擁有八百名學生的學校發生此事，情況絕對比較嚴重。假設兩千名學生中有二十名學生濫用藥物，就意味著有99％的學生並沒有濫用藥物。儘管如此，這樣的句子可上不了新聞頭條。

「有百萬分之一的機率……」我們經常可以看到媒體使用這樣的句子，來表達機率極低的事。嚴格來說，在某些情況下是如此，但倘若樣本數夠多，那麼就不是不可能發生。

假設出現白化症非洲象的機率為一百萬分之一，那麼當我們去非洲玩時，我們大概不可能看到這樣的大象。倘若螞蟻出現白化症的機率也是一百萬分之一，那麼當我們將一個蟻窩翻過來卻沒有看到任何一隻白化症的螞蟻時，就會讓人有點驚訝。

蘋果與橘子

倘若以「不同的方式」來呈現統計數字，讀者就會很難將兩者進行比較。媒體報導經常使用這一招——很有可能是為了混淆我們，但更有可能只是因為記者認為這樣會讓閱聽群眾讀起來更豐富。將來源不同的資訊進行比較時，經常會遇到這樣的情況，但這樣的處理未免過於粗糙——記者應該試著讓資訊可以比較。

舉例來說，我們很難理解報導中所提到的：十個人之中就有兩個人可以透過充分的運動，來降低30％罹患心臟疾病的風險，而有另外三分之一的人，可以透過充分的運動減少15％罹患心臟疾病的風險。

這段話讓我們必須以三種角度來思考數字：十人中的兩人、分數與百分比。倘若我們將數字全部轉換成百分比，讀起來就輕鬆多了：充分運動能讓20％的人降低罹

病機率30％，讓33％的人降低罹病機率15％。這段話同時也能讓我們得知有47％的人，未能保持充分運動。試算如下：

$$100 - (20 + 33) = 100 - 53 = 47$$

Chapter 10

數據與事實之間究竟存在因果？或只是巧合？

調查報告與財務報表上頭所顯示的數字真的重要嗎？數字真的能展示出它所宣稱的內容嗎？或者只是風馬牛不相及的巧合而已？

統計數據總瀰漫著一股權威般的氣勢，讓人們輕易地被它左右。它們看上去就像是「鐵證」，即便事實上，它們根本什麼也證明不了。

顯著或不顯著？

統計學家必須釐清從調查、研究、問卷等地方獲得的數字與事實，到底是不是「顯著地」。換句話說，這些數據能否提供人們可以採納的有用資訊，還是只是偶然、或因樣本選取有誤才發生的結果？一般而言，只要科學研究的結果為隨機或錯誤的機率小於二十分之一，該項研究結果通常會被認為是顯著地。這可以表示為：

$p < 0.05$

p代表概率。概率1意味著某件事是「絕對的」：正在閱讀本書的你為活人的概率為1。概率為0則意味著某件事「絕對不會發生」：此刻你手中的書是印刷在水面上的概率為0。

概率$p < 0.05$以一種相對奇特的方式被定義：「虛無假設為真」的機率為5%（所謂的虛無假設〔null hypothesis〕

意味著沒有任何效果）。經由雙重否定，其意思表達了只要這個結果為巧合的機率小於5%，這份統計的結果就足以令人滿意。而5%的邊際也經常被用來掩飾「離群值」（outlier）——也就是沒有落在結果主體內的樣本。

〈第十四章〉中關於「常態」的曲線，顯示了結果分佈的常見（或正常）型態（更多內容請見第十四章）。只有那些落在中心95%處的數據，才會被認為是有用、且值得被囊括在進一步程序中的結果。在某些研究中，必須針對重要性進行更精確且嚴格的測試。對於那些可能重新定義科學的重要研究，往往會進行這個步驟。舉例來說，要確認偵測到「希格斯玻色子」（Higgs boson，一種次原子粒子）的概率，被設定在三百五十萬分之一，亦即：$p < 2.86 \times 10^{-7}$。

無影響？抑或不顯著？

當一份研究的結果不具有「統計顯著性」時，並不等同於其結果不具影響力。將樣本規模與研究設計納入考量，也是相當重要的一點。

小規模研究或許得不到漂亮的結果——或許因為時間軸太短，也或許因為樣本數太少。但舉例來看，這些都

是藥物測試會加以考量的層面。一份只有二十名受試者的研究，無法驗證一項只會對2%者產生影響的事物——其得到的結果要不是完全沒有影響，就是會影響到（至少）二十分之一，也就是5%的人。

相關和因果

新聞報導總是將行為與事件連結在一起，暗示兩者間的因果關係。舉例來說，我們或許會讀到「帶著腳踏車安全帽的騎士，在腳踏車事故中比較不會遭受到嚴重的頭部創傷」。這段文字暗示了腳踏車安全帽能保護騎士，而這也很有可能是事實。但我們同樣可以透過將兩組數據並列的方式，來暗示兩者間根本不存在的相關性，又或者兩者間的相關性並不如我們所暗示的那樣。

舉例來說，在過去五年裡，報紙的購買率和謀殺率都下降了。兩者間有相關——它們的統計圖形都是一樣的。而將兩組數據並列在一起，暗示兩者間具有相關性——但難道購買報紙會刺激人們、使其出現殺人衝動？或許不會。兩者間儘管有相關，卻沒有因果關係：其中一方並不會導致另一方。

冬天的時候，雪撬的銷售成長，冰淇淋的銷售下滑。

天鵝都是白的——不是嗎？

　　很久很久以前，歐洲人以為所有的天鵝都是白色的，因為他們從來沒有看過黑天鵝。樣本數量非常龐大——幾乎囊括了歐洲所有的天鵝。但僅需要目睹一隻黑天鵝，就能扼殺這個理論。維也納出生的英國哲學家卡爾‧波普（Karl Popper）發展出一套定義，認為只有具備「可證偽性」（falsifialbe，意即能被證實為錯）的理論，才能被視為科學。所有天鵝都是白色的，確實是可證偽的（只要找到一隻非白色的天鵝），因此這可以被視作一項理論。但其無法被證實。倘若不一一檢驗世界上所有的天鵝（包括遠古以前的），我們就無法證明其為真。這也是為什麼我們無法證明反面。沒看過某件事物，不代表它不存在。基於此一原因，提出一個想法的反面（就統計例子來看，就是虛無假設），是一項極為重要的測試。

這兩者間有相關，但並不直接：兩者都與天氣有關，但彼此無關。面對那些暗示某兩種現象有關的圖片與表格時，我們應該要格外留心──兩者或許有關，但也有可能是與兩者皆有關的「混淆變項」（confounding variable）在發揮效果。在雪撬與冰淇淋的例子裡，天氣就是混淆變項。但混淆變項並非總是存在，有時真的就只是巧合。

是事實？還是巧合？ .... **Key Points**

　　兩者間存在詭異相關性的事物：

- 有機食物的銷售與自閉症診斷
- 臉書的使用和希臘爆發債務危機
- 從墨西哥進口檸檬和美國道路死亡率（兩者為逆相關：檸檬出口量增加，死亡率就下降）
- 海盜數量減少，全球暖化加劇（這也是逆相關：是海盜遏止了全球暖化嗎？）

資料來源：世界十大最奇怪的關聯（www.buzzfeed.com/
　　　　　kjh2110/the-10-most-bizarre-correlations）

Chapter 11

該如何測量一個星球到底有多大？

假如你突然發現：自己被困在另一個星球上，此時該怎麼辦？你能設法釐清這個星球有多大，然後制定逃生計畫嗎？

當然，這或許不是你此刻最關心的事，但請假想一下⋯⋯你該如何測量一個已經大到無法光用步伐來量測的距離呢？

圓的或平的？

　　與多數傳說相反，事實上，很少有人認為地球是平的。物體在地平線處慢慢浮現的情況，輕鬆點出了地球不可能是平的。站在岸邊看著船駛近的人，最先看到的會是船的桅桿，接著船身才會慢慢地浮現到地平面上。而這樣

的現象只有在地表帶有弧度時，才可能遇到。倘若地球是平的，遠在天邊的物體儘管看上去依舊很小，但我們卻能完整瞧見整體，而物體的輪廓也仍會隨著距離的縮短而漸漸放大。

當然，不一定非要在海邊——沒差，反正這個陌生星球可能根本就沒有海或船。比起站在低處，站在高處能讓我們看得更遠的事實，也點出了地球的表面是有弧度的。

地平線在哪裡？

假如你站在平坦的表面上、或身處在海平面上眺望著大海，在同一個平面（地球）上你所能看到的最遠距離為3.2公里。

此一假設是建立在你的眼睛位在「視線高度」（也就是你人並不是躺在地上）、且你的身高約莫為1.8公尺（5呎10寸）的前提上。我們也可以看到遠處某個具有高度物體的頂端。當我們站在山坡上時，我們的視線範圍還可以延伸到3.2公里以外。

丈量世界的歷史

早在人們擁有足以測量地球大小的優秀技術以前，人

們就經常想著地球到底有多大。古希臘哲學家厄拉托西尼，是歷史上第一位試圖測量地球圓周的人。他生活在埃及的亞歷山大港，並在西元前二四〇年完成自己的計算。

厄拉托西尼知道鄰近城市賽伊尼（Syene）有一座井，倘若他在夏至的正午朝裡面望，井底不會有任何陰影。而「沒有影子」也勢必代表了太陽就在頭頂正上方，因此陽光能直射水井底部。而他也知道在同一天的時間裡，他所居住城市的水井裡，還是會出現陰影（因為亞歷山大港比

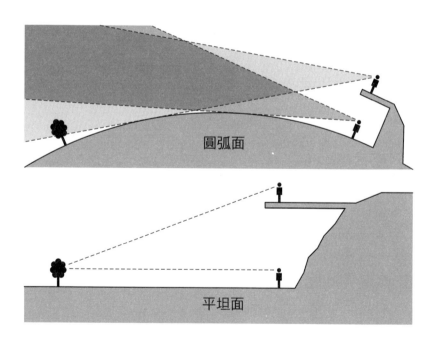

圓弧面

平坦面

賽伊尼更北邊）。

厄拉托西尼明白，假如他將亞力山大水井裡的影子和賽伊尼沒有影子的水井相比，他就能算出地球的周長。他測量了正午時分，亞歷山大港一座高塔的影子和建築主體間的角度（在他知道賽伊尼水井不會有影子的那天）。角度為7.2°。他知道當一條線通過兩條平行線時，同一邊的內角會相等。就各方面而言，太陽是如此遙遠，因此我們可以視陽光的光線為平行射入。

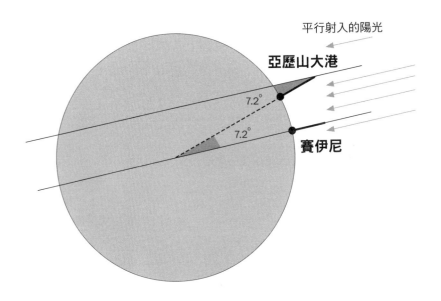

這意味著地球中心（他假設地球為球體）和通過亞歷山大港及賽伊尼的線所形成的角度，會和高塔投下的影子角度相等。如此一來：

圓周：量測到的角度

勢必會和等於：

地球圓周：賽伊尼和亞歷山大港的距離

厄拉托西尼知道這兩個城鎮的距離。

不幸的是，我們無法確切得知他所算出來的結果，因為根據他的記錄，此長度為 5,000「視距」（stadia），但我們並不知道「視距」到底有多長。

好險我們知道 7.2° 代表圓的 $\frac{1}{50}$th 圈（360 ÷ 7.2 = 50）。因此地球的周長為 5,000 × 50 = 250,000 視距。

厄拉托西尼算出來的結果，或許與地球實際周長僅差了 1%，又假設他使用了不同的視距，那麼他得到的結果也有可能超過 16%。即便如此，他的計算還是非常棒。利用他所算出來的角度，以及兩個城市間的實際距離——

800公里，我們所能得到的周長為：

50×800 公里 ＝ 40,000 公里

而地球的實際周長為 40,075 公里。

測量外星球

因此，假設你被困在另一個星球上，你有兩種方法能測得該星球的大小。要想使用厄拉托西尼的方法，你必須先找到一個在正午時分不會有影子的地方，以及一個距此地有足夠的距離、讓陽光在正午時能留下影子的地方；接著，你必須和他一樣，去測量影子的角度。當然，你很有可能沒有隨身攜帶量角器，因此這個方法就會變得有些棘手。而另一個替代方案，就是測量你與地平線的距離。

要想使用測量地平線距離的方法，你就必須先測量（或許可以利用步伐）從一個物體開始，你要走多少步，這件物體才會隱沒在地平線之下。有一個公式能協助我們計算在不同高度下，我們能看多遠：

$$d^2 = (r + h)^2 - r^2$$

d代表的是你能看見的距離，r是地球半徑，h是你的眼睛與地面的距離（所有距離都使用同樣的單位）。

　　這個公式使用到了畢氏定理——直角三角形的斜邊平方，會等於另外兩邊平方之和（請見第70頁）。

　　我們可以利用此定理，來算出r值（星球半徑）。

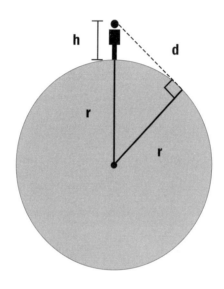

　　展開式子：

$$d^2 =$$
$$(r + h)^2 - r^2 =$$
$$r^2 + 2hr + h^2 - r^2 =$$
$$2hr + h^2$$

因此，假設你可以看到 10 公里以外的事物，而你的眼睛高度為 1.5 公尺（也就是 0.0015 公里），那麼你就能算出：

$10^2 = 2 \times 0.0015r + 1.5^2$

$100 = 0.003r + 2.25$

$100 - 2.25 = 0.003r$

$97.75 = 0.003r$

$3,258 = r$

接著，你就可以進一步算出周長 2πr：

$2 \times \pi \times 3,258 = 20,473$ 公里

我想，這個時候你還是別貿然展開繞境之旅比較好！

Chapter 12

從倫敦到洛杉磯最快的方法是？

也許你會打開 Google Map 來尋找靈感，毫無疑問的，從 A 點到 B 點的最短路徑自然是一直線——但你確定這真的是一條直線嗎？

「一個平面上，某兩點的最短距離為一條直線」，這是再明白不過的事。我們或許可以透過數學來證明它，但對本書而言，利用微分學（請見第二十六章）的證明過程，實在有些冗長且過於複雜。

有短有長的線

想像你站在A點，欲抵達B點。這之中的路很有可能彎彎曲曲——尤其當你是照著地圖走時。

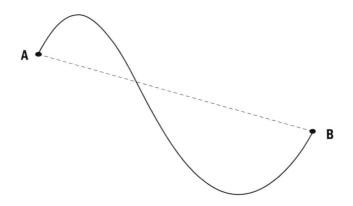

為了縮短曲折的路徑，我們將所有曲線拉直。而一段曲線能被拉平的最大限度，就是拉成一條直線。

當然，我們也可以不用曲線。任何一條直線都能作為直角三角形的斜邊（確實，因為直角三角形有無窮多個）。

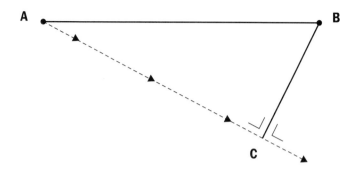

　　無論我們畫出什麼樣的三角形，AC ＋ CB 之和，永遠
會大過 AB。

　　到目前為止，一切都很順利。然而遺憾的是，我們並
不是住在一個平面的世界裡。

在球體上的線

　　歐幾里德（請見第 68 頁）為「平面世界」奠定了最基本
的幾何概念。「歐幾里德幾何」（人們對其的稱呼）擁有許
多可靠且實際的用途，像是計算需要幾輛廢料車才能將開
挖池塘所產生的多餘土壤全部載走，或者需要多少地毯才
能鋪滿一整個房間。然而，我們居住在一個近似於球體的
地球上，一個「直線並不真的為直」的星球上。因此，我
們需要一些非歐幾里德幾何的知識。

歐幾里德的第五公設（請見第68頁）指出：平行線永遠不會相交，並以線條確實會交會的特性來解釋之。如果兩條線平行，那麼另一條垂直（呈直角）於此兩線中任一一線的線段，必定會同時垂直於另一條線，如同下圖。

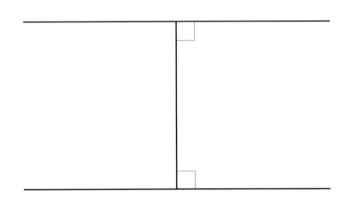

　　這在平面上確實為真，但在曲面上則不然。

　　曲面共有兩種：如碗內部的凹面，以及如地球儀外表的凸面。這也讓曲面幾何出現兩種類型：雙曲（hyperbolic）幾何和橢圓（elliptical）幾何。

　　現在，我們可畫出一條與另兩條不平行且夾「直角」的線。在雙曲面上，兩條線的兩端分別朝著背離另一條線的方向延伸，兩條線的距離也持續增加。而在橢圓面上，兩條線的兩端會朝著彼此前進，最終兩邊皆會相交。

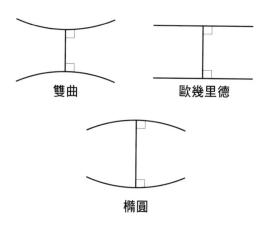

雙曲   歐幾里德

橢圓

跟著烏鴉飛

我們總認為最短的地理距離應該是「跟著烏鴉飛」（編按：即筆直落地）。而這在地圖上，可以被畫作一條直線。

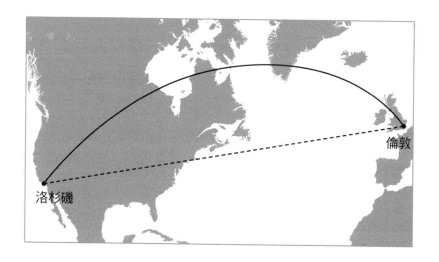

倫敦

洛杉磯

當一隻（精力充沛的）烏鴉打算從洛杉磯飛到倫敦時，看著地圖的牠，或許會畫出一條連結兩座城市的直線。但假如牠真的照這條路徑飛，牠所耗費的時間絕對會比照著下圖中的那條曲線飛，還要久（儘管後者看上去似乎更長）。在我們將「地球是圓的」此一條件納入考量後，就能明白這個道理。

　　在一個球體上，兩點間的最短距離為「大地線」（geodesic）。所謂的大地線，就是沿著一個以球體中心為中心之圓的邊長來移動。這也意味著該圓形的直徑，和球體直徑相等。大地線也被稱為「大圓」（great circle）。在一個球體上，我們可以畫出任意數量的大圓。

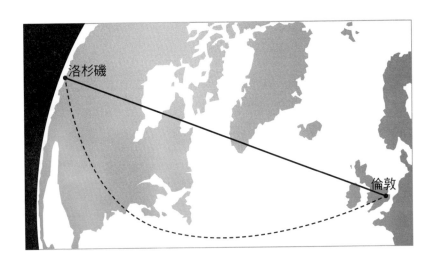

拉回到地球上——每一條「經線」都是一個大圓。但每一條「緯線」（除了赤道以外），都不是大圓。每一條緯線都是一個更短（或更小）的圓，且它的半徑小於地球半徑。

地球表面上兩點間的最短路徑，永遠都落在通過此兩點所畫出來的大圓圓周上；而同樣通過此兩點的小圓，其拉出來的路徑永遠都比大圓長（即便看起來好像比較近）。

烏鴉的地圖

當我們將平面地圖上看上去較短的路徑放到地球儀上時，這些路徑往往會落在較小的圓上。烏鴉或飛機的實際飛行路徑放在地圖上看，之所以會感覺比「直線」路徑要長，是因為地圖投影扭曲了世界地理。要想在平面上印出一個球體的表面，勢必會遭遇某些程度的扭曲。而我們最熟悉的一種，就是下一頁的麥卡托（Mercator）投影。

你可以發現，愈靠近南北極，扭曲的程度愈大。其中一個後果，就是讓格陵蘭看上去遠比實際還要大，而南極洲的面積甚至等同於所有溫暖區域土地面積之和（儘管它的實際面積還不及澳洲的一倍半）。

右頁上方的高爾—彼得斯（Gall-Peters）投影，展示了

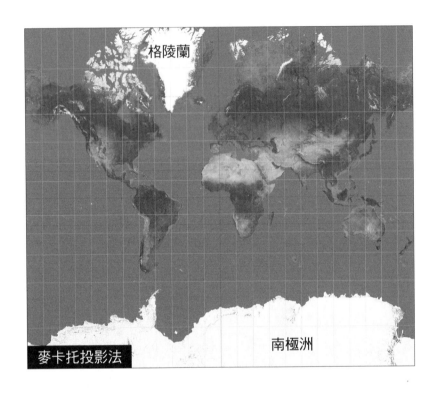

格陵蘭

南極洲

麥卡托投影法

地球上各大陸的正確面積，因而讓我們見識到了非常不同
的地圖──格林蘭變得相當小，非洲則變得更大。此款地
圖在北美洲並不受歡迎，因為這讓他們的土地看上去遠比
南美、非洲及澳洲還不重要，而這讓美國人感到非常不習
慣──非洲的面積可是美國的三倍。

　　平面地圖投影所導致的扭曲，再加上將大圓轉變成一

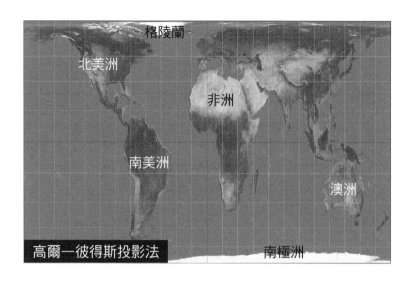

格陵蘭

北美洲

非洲

南美洲

澳洲

高爾一彼得斯投影法　　　　　南極洲

條扁平線，讓直飛的路徑看上去就像是一條繞了遠路的拋物線般，如下圖。

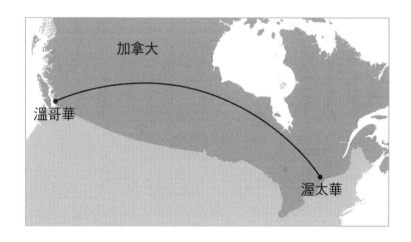

加拿大

溫哥華

渥太華

格陵蘭到底有多大？

在我們所熟悉的麥卡托地圖上，格陵蘭的面積看上去就跟非洲差不多，而南極洲看上去則比所有溫暖國家的面積總和還要大。

格陵蘭

俄羅斯

事實上，格林蘭的面積僅為非洲面積的十四分之一。

而在麥卡托投影法中，看上去無比龐大的俄羅斯，實際面積則比非洲還要小。

最短，並不一定總是最快或最佳。飛機之所以並不總是直接沿著大圓路徑來飛，是因為風向和航空交通模式也

會影響其路徑選擇。

我們的世界並不是數學的規矩天堂，而是現實，因此總有其他因素必須考量，無論是重力、天氣、航空管制，甚至是敵對勢力的地面防空武器。

風大的日子

     儘管風並不會影響距離，卻會讓飛機在朝著某個方向前進時，比朝著另一個方向來得辛苦。這會提高油耗，也會增加飛行時間。除此之外，底下的地形也會影響飛機必須「飛多高」。無論是向上飛或沿著地表飛，其飛行總距離都會受到垂直因素影響。跟海洋相比，飛機必須飛得更高才能翻越高山，而攀升的這個動作極為耗油。因此，有時候以較低高度、沿著海洋或平地飛行較遠距離，會比攀升到較高高度以通過山脈但飛行較短距離，還來得省錢。

複雜的因素也無法擊敗數學，只會讓數學變得更具挑戰性。下一頁是瑞士數學家約翰·白努利（Johann Bernoulli）在十七世紀所提出來的謎題。

請想像一條上面串了珠子的金屬細線：你應該將這條金屬線扭成何種形狀，才能讓上面的珠子以最快的速度掉光呢？（金屬線的長度都是一樣的。）

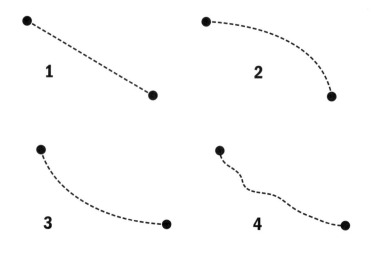

許多偉大的數學家，包括牛頓、白努利、惠更司（Christiaan Huygens）和萊布尼茲（Gottfried Wilhelm Leibniz），都試著解開這道謎題。伽利略錯了。而第一個提出正確答案的人，就是發明微積分（並因此取得優勢）的牛頓。

正確答案為第三張圖：向下傾斜的曲度，能讓珠子充分加速，並以更快的速度通過水平距離。沿著此種軌跡移動的珠子，比沿著較短且筆直鐵絲移動的珠子，跑得更遠。因此，儘管在平面上，直線距離看上去最短，但最短的路徑卻很有可能跟本不是直線。

壁紙目錄裡頭隱藏的驚人祕密！

當我們裝潢新家時，看著琳琅滿目的壁紙或磁磚目錄並想著「樣式還真多啊」，這確實相當合情合理，但數學家看到的可並非如此……

在數學家的眼中，所謂的「壁紙群組」（wallpaper group）其實也只有十七種基本圖樣。

讓我們再看一遍。再一遍！

事實上，數學家在乎的並不是壁紙本身——他們感興趣的是隱藏在壁紙樣式群組後的事物，也就是所謂的「等距映射」（isometry，請見下圖）。

一八九一年，俄羅斯數學家、地質學家兼晶體學家費奧多羅夫（Evgraf Fedorov），證明了壁紙群組事實上是由十七種基本樣式所組成。透過不斷重複等距映射而構成的樣式，本質上皆是由一個具有特定形狀的「單體」所構成——多為矩形（正方形尤其常見）或六邊形。

再來談談等距映射

你可不希望自己的壁紙會沿著牆壁，出現扭曲、忽胖忽瘦的情形。這絕對會讓你的家看起來就像是一場惡夢。因此，這些不斷重複的樣式（無論是被翻轉或做鏡射），看上去最好完全一樣。

在數學上，這就稱為「等距映射」：樣式中的任意兩點，其距離在樣式經變化（也就是改變）後，仍必須完全一樣。用例子來說明會更清楚。這裡有一隻海馬：

下面，是海馬圖樣可進行的改變：

將海馬右移	旋轉海馬	將海馬鏡射	使海馬歪斜	將海馬縮小

前三項為等距映射改變——圖像中任意兩點的絕對距離無論是在改變前或改變後，皆不變。第四與第五種則不屬於等距映射：歪斜和縮小改變了任意兩點的距離。

在二維的世界中，共有四種等距映射的形式：

1.位移（將整個圖像朝上、下、左、右移動）

| 向左 | 向右 | 向上 | 向下 |

2.旋轉（以順時針或逆時針旋轉圖像）

| 旋轉 0° | 旋轉 35° | 旋轉 90° | 旋轉 180° |

3.鏡射（從各種方向進行鏡射）

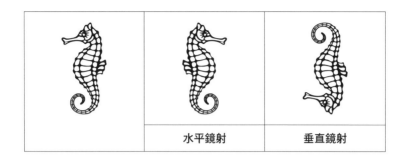

| | 水平鏡射 | 垂直鏡射 |

4.滑動鏡射（同時結合鏡射與位移）

| | 水平滑動鏡射 | 垂直滑動鏡射 |

　　與壁紙目錄中的名稱相比，數學家賦予了這十七種樣式相當不討喜的名稱。這些名稱是由編號構成的，而每一個編號，都解釋了樣式的構成，我們可以對照下一頁的圖解來觀察其中的差異。

- p1：這是最簡單的形式，將圖形全部朝同一個方向移動。單元形狀可以是任何一種平行四邊形（包括矩形或正方形）。

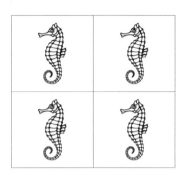

- p2：和 P1 相似，但可以在不改變圖形的前提下，將其上下顛倒。

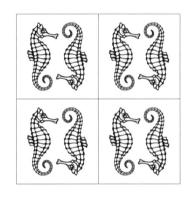

- pm：將圖像沿著一條中軸線進行鏡射；這也意味著中軸線兩側的圖形對稱。單元形狀必須是矩形或正方形。

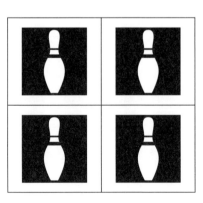

- pg：如右圖，這是滑動鏡射，也就是同時進行鏡射與位移。

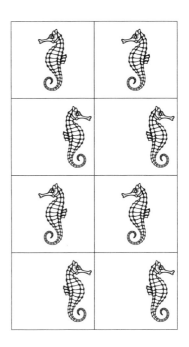

- cm：如下圖，這是同時結合滑動鏡射與對稱於中軸的鏡射；單元形狀必須是一個四邊相等的平行四邊形。

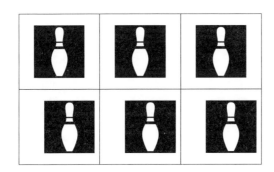

在結合了鏡射、旋轉和各種方向的移動後，樣式就有了極端繁複的變化。有趣的是，這些例子在古老的藝術中都能看到，像是埃及的木乃伊棺、阿拉伯磚和馬賽克、亞述的青銅製品、土耳其的陶藝品、大溪地的編織品、中國和波斯的瓷器。右頁是其中幾項例子。

在壁紙中添加帶狀裝飾？

壁紙群組是以兩種方向來重複其樣式——沿著牆壁的走向（水平），或沿著天花板至地板的垂直走向。另一個被稱之為「帶狀裝飾」的群組，則是沿著單一方向重複，因此可以沿著牆壁做出如帶狀般的裝飾。

同樣的，這七種裝飾都能在早期藝術、甚至是史前時代的裝飾中看到：

p1	水平位移	
p1m1	位移，垂直鏡射	
p11m	位移，垂直與水平鏡射	
p11g	位移，滑動鏡射	
p2	位移和旋轉 180°	
p2mg	位移和旋轉 180°，垂直鏡射和滑動鏡射	
p2mm	位移和旋轉 180°，垂直與水平鏡射，滑動鏡射	

p2mg——衣服、夏威夷

p4——埃及棺木上的單元形狀

p4mg——中國瓷器

p3m1——波斯琉璃瓦

p31m——中國的上色瓷器

p6mm—亞述尼姆魯德
（Nimroud）的青銅花瓶

現在，來談談磁磚……

　　以一定單元形狀所構成壁紙群組，可以縝密地進行排列（tessellated），也就是重複同樣動作直到不留空隙地填滿一個平面。「鑲嵌」（tessellation，或稱為密鋪），則是另一種建構樣式的方法，它更注重單元的形狀，而不是單元內的圖樣。

　　同樣的，多數常見的鑲嵌樣式，也都可以在古代的藝術作品中見到。最簡單的鑲嵌方式，就是重複單一形狀。這種方式被稱為「正則鑲嵌」（regular tessellation）。

　　以下展示了鑲嵌最基本的三種類型：

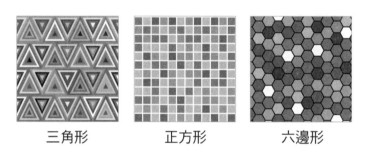

| 三角形 | 正方形 | 六邊形 |

　　仔細看看，每一個交點（頂角）的圖案都是相同的，鑲嵌的定義為：沿著形狀的每一條邊進行排列，且頂點交頂點。

　　在六邊形樣式中，每一個頂點都有三個六邊形。每個

六邊形皆有六邊，因此為
6.6.6密鋪。

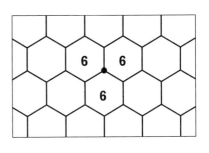

　　半正則鑲嵌則可以使用
兩個以上的形狀進行排列。
半正則鑲嵌的類型共有八
種，如下圖所示。

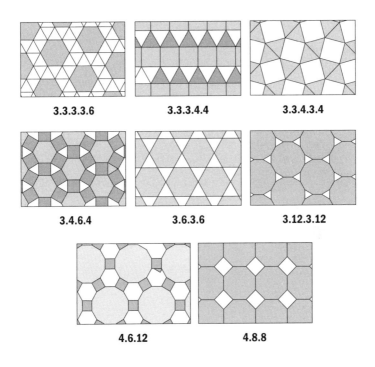

3.3.3.3.6　　　　3.3.3.4.4　　　　3.3.4.3.4

3.4.6.4　　　　3.6.3.6　　　　3.12.3.12

4.6.12　　　　4.8.8

　　一如前述，無論我們怎麼樣旋轉圖樣，每個頂點的模

式都是相同的。

　不規則鑲嵌的頂點會出現不同的樣式，因此無法用同一種系統來描述。但它們同樣必須在不留空隙或重疊的情況下，填滿整個表面。下面，是來自西班牙阿爾罕布拉宮（Alhambra Palace）的不規則鑲嵌：

　假如你工藝精湛，你可以用這樣的鑲嵌樣式來妝點自己的浴室。在更具野心和藝術氣息的鑲嵌作品中，經常會使用到曲線圖樣，而這是由荷蘭藝術家M.C埃舍爾（M.C. Escher，一八九八至一九七二年）所發明。其表面依舊完全填滿，只不過是用著更具創意、有時甚至是用近乎夢魘般的形狀排列與扭曲，如下圖：

該如何判斷與預測答案的正確性？

嬰兒應該有多重？紅尾蚺應該有多長？人們多久會去一次超市？這些問題通通可以透過平均值的計算建立模型，並找到答案！

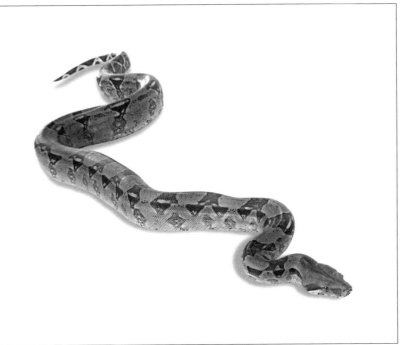

上一頁的所有問題，其答案皆為「不一定」。然而，儘管我們從每個嬰兒、每條紅尾蚺、每一名超市購物者身上所得到的答案皆不同，但我們對於這些答案會落在何種範圍內，早有預期。

人類嬰兒的重量不可能會是三奈克或五噸。紅尾蚺的長度不可能是四十公里。人們去超市的頻率也不可能是每一分鐘或每一千年一次。

普通嬰兒

在嬰兒呱呱墜地之前，父母會根據來自其他嬰兒的資訊，對自己孩子的體重有一定的預期。在嬰兒出生後，他們會被送去量體重，並和其他嬰兒做比較。

提前吸收關於平均體重的知識，對父母（「我需要買迷你版的嬰兒服嗎？」）及醫療工作者（「這名嬰兒屬於高風險族群嗎？」）來說相當有幫助。尤其在生產後，這類關於「平均值」的

新生兒編號	體重 (kg/lb)
1	2.3kg/5.1lb
2	2.3kg/5.1lb
3	2.9kg/6.4lb
4	3.0kg/6.6lb
5	3.2kg/7.1lb
6	3.3kg/7.3lb
7	3.4kg/7.5lb
8	3.5kg/7.7lb
9	3.7kg/8.2lb
10	3.8kg/8.4lb

知識，往往能幫助醫療工作者回答許多問題，例如：「這名寶寶離『平均值』這麼遠，我們需要擔心嗎？」

右頁下方是一張列出數個新生兒體重的表格。

即便是一張依照同樣次序排列出來的嬰兒體重表，我們依舊很難直接消化資訊。透過了解平均值，我們就更容易理解嬰兒的體重。

均值寶寶

在數學計算上，我們一共可以求出三種「平均」：

1. **平均數（mean）**：這也是多數人對平均的定義。將所有數目相加，再除以數目的個數：2.3 ＋ 2.3 ＋ 2.9 ＋ 3.0 ＋ 3.2 ＋ 3.3 ＋ 3.4 ＋ 3.5 ＋ 3.7 ＋ 3.8 ＝ 31.4，31.4 ÷ 10 ＝ 3.14 公斤。

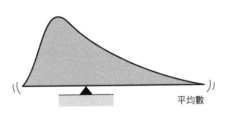

平均數

2. **中位數（median）**：這是所有答案中，位在正中央的數值，也就是各自有一半的答案，分別低於／高於它。將所有數值按順序排列（如左頁表格所示），再從清單中挑出

位在正中間的答案。倘若數值的數量為偶數，那麼正中間就會出現兩個數值。此時，中位數就會是這兩個數值相加除以二，因此嬰兒體重的中位數為3.2公斤和3.3公斤的平均——也就是3.25公斤。

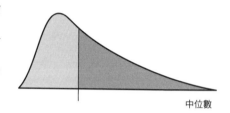

中位數

3. 眾數（mode）： 這是最常出現的數值。同樣的例子中共有兩個寶寶的體重為2.3公斤，而其他體重都只出現過一次，因此眾數為2.3公斤。

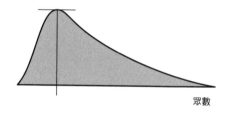

眾數

　　當資料集很小的時候（如第154頁的寶寶體重表），眾數很有可能會誤導人。倘若在觀察這個表格並參考眾數後，我們很有可能會預期寶寶的體重應該是2.3公斤，但這個重量遠低於多數新生兒的體重。

　　如同統計，當資料集愈大，我們就愈能放心地將它拿來進行各種分析。面對較小的資料集，平均數或中位數遠

比眾數來得可靠或實用。事實上，很多時候眾數根本不存在——因為每個數值都只出現了一次。

常態分佈

檢視大量數據時較輕鬆方法之一，就是透過如下圖的鐘型曲線。在該曲線的兩端，是數量很少的極重與極輕嬰兒，而多數嬰兒的體重，則落在該曲線的中段部分。

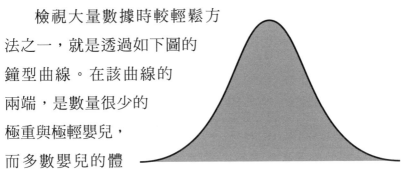

偏離常態

但從曲線的哪裡到哪裡，可以被稱為「常態」呢？答案顯然不會只有那些分佈在正中間的個例。要真正發揮實用的價值，這條曲線就必須具備更多資訊。

最有用的資訊為「標準差」，由希臘字母表示。它代表了所有例子和平均值（用平均或標準來表示）的差距。我們可以用一個看上去有些嚇人、實際上卻相當好用的公式來計算：

$$\sigma = \sqrt{\frac{1}{N} \sum_{i=1}^{N} (x_i - \mu)^2}$$

它牽涉到下列的步驟，我們先從括號裡開始：

- 用每一個數，減去平均數：$x_i - \mu$
- 將差值取平方：$(x_i - \mu)^2$

接著：

- 取所有差值平方之和：$\Sigma (x_i - \mu)^2$
- 除以所有數值的數量 —— 其結果稱為「變異數」（variance）：$1/N \ \Sigma (x_i - \mu)^2$
- 求變異數的平方根：σ —— 這就是標準差

我們之所以將數值取平方、又在最後取平方根的原因，是為了避免正數和負數（舉例來說，像是數值低於平均值時）相抵銷。而前述那張嬰兒體重表的標準差為0.5公斤（1.1磅）。

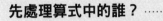

Key Points

先處理算式中的誰？

　　當計算牽涉到數個步驟時，我們或許會不知道該從何處著手。容易記住的口訣——BODMAS，此時就能派上用場：

B：永遠從括號中的內容開始。

O：下一步從所有和「階」有關的事做；這包括了平方或計算平方根。

D：下一步，進行所有除法，倘若有不只一個數，請從左至右。

M：下一步，進行所有乘法，再一次從左至右。

A：下一步，進行所有加法，從左至右。

S：最後，進行減法，從左至右。

一組樣本或總體？

　　我們假設，這些嬰兒就是受調查嬰兒的全部。然而，倘若我們想要使用此樣本來找出一般新生兒的體重，我們就必須稍微調整標準差的計算。我們用N-1來取代原本作為除數的N。就我們的例子而言，這會讓標準差稍微提高一些，變成0.52公斤（1.15磅）。由於數量龐大的總體永遠會比樣本表現出更多差距（除非你運氣超好地從總體中抽

到最大值與最小值），因此這麼做能給我們一些彈性。

再看一遍表格，我們發現只有1、2、9和10號嬰兒與平均數3.14公斤的差距，超過一個標準差（大於0.52公斤／1.15磅）。因此，準爸爸準媽媽就可以合理預期寶寶的體重或許

新生兒編號	體重 (kg/lb)
1	2.3kg/5.1lb
2	2.3kg/5.1lb
3	2.9kg/6.4lb
4	3.0kg/6.6lb
5	3.2kg/7.1lb
6	3.3kg/7.3lb
7	3.4kg/7.5lb
8	3.5kg/7.7lb
9	3.7kg/8.2lb
10	3.8kg/8.4lb

會落在2.6公斤（5.7磅）至3.7公斤（8.2磅）之間。

百分位數

針對大型總體所進行的研究，往往能讓我們得到更多資訊。

百分位數（percentiles或centiles）指出有多少比例的值，低於特定水平。第50百分位數為中值，也就是分別有50％高於、和低於此數值。而第90百分位數則意味著僅有10％的值高於它，且有90％低於它。第2百分位數則代表僅有2％低於它，並有98％高於它。

兒童的預期成長模式，經常會用百分位數表來表示。

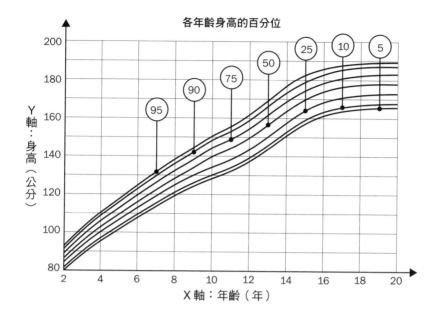

各年齡身高的百分位

Y軸：身高（公分）

X軸：年齡（年）

　　這類圖表的意思並不是沒有小孩的身高會超過第95百分位或矮於第5百分位，而是這些小孩的數量比較少：在所有的孩子裡，有90％的孩子其身高會落在該圖表中的最高曲線與最低曲線之間。

　　或許也會有身高更高或更矮的孩子，而這也並不意味著他們有任何不對勁。

常態曲線

　　將百分位數和鐘型曲線結合，我們就可以截出距平均

值一、二或三個標準差的曲段。在許多情況下，截出來的圖樣會恰好如下圖所示。

這就是所謂的「常態曲線」。多數事物會自然而然地符合此一圖形，也就是說有68％的數值會落在一個標準差的距離內，95％的數值落在兩個標準差內，而99.7％則落在三個標準差內。這張圖適用於人類的身高、測量誤差、血壓值、試卷的分數等各種數值上。

落在距平均值兩個或三個標準差以外的曲線上，可以被視為一種警訊。但此一界線也可以用於定義何謂「正

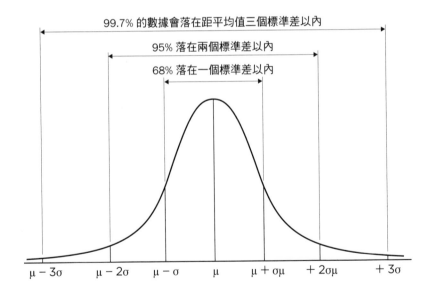

常」。假設你的工作是負責出每一年的試題，你無法確定每年考卷的難易程度或改考卷的精確度都是完全一樣地。因此你唯一可以做的，就是根據常態分佈曲線，來決定學生的及格分數。

假設你想決定學生的考試成績和及格者——假設：及格門檻為低於平均值0.5個標準差，那麼你就可以透過這個方法，挑出該年的前69％學生。

Chapter 15

該如何測量那些難以量化的事物？

並非所有事物都可靠「數數」來解決，當我們想知道一片沙灘上究竟有多少粒沙子，或一段弦有多長？此時就需要用到一把特殊的尺……

在面對一群物體例如牛、蛋糕、鍋子或羊群時，數數很有用。但並非所有物體都是個體分明的獨立體。因此，在面對具有連續性的事物（如時間、流體），及數不清的事物（如穀物、沙或稻米）時，我們會選擇使用測量的方式。

法老王與尺

我們所能追溯到的最古老測量單位，是以人體部位為基礎：一步的距離、指尖到手肘的距離（腕尺，cubit），或大拇指最末節的長度。只要我們追求的不是超級精確或抱持著什麼驚人的企圖心、更不需要將根據不同人測量或製作的零件結合在一起，那麼這樣的測量方式已經足矣。但你不妨想像一下：根據四個人所測量出來的結果，去蓋一座超級宏偉的金字塔。即便是同一個人，其根據步伐所丈量出來的每一邊，都不一定相同。正因為有這些困擾，「標準化」迅速地流行起來。

倘若我們以某人的手臂——像是以法老或總工程師的手來作為腕尺，那麼他每天都必須在工地附近晃來晃去，好讓大家利用他的手來測量東西。這對此人而言，想必會極為不便，更遑論他還無法同時出現在多個工地現場。此

時，替代物品如尺，就能幫上大忙。「皇家腕尺」經常被做成一根標示著一段長度的木棍（如同現代的尺）。這種標準化出現在五千年前，且效果絕佳：面積為440平方腕尺的吉薩大金字塔，其精確度居然高達0.05%（亦即115釐米／4.5英吋之於230.5公尺／756英尺）！

國際單位制

以公制和十進位系統為基礎的SI（國際單位制，Systèm International），於一七九九年在法國誕生。現在，多數國家都採納了國際單位制。

在一九六〇年舉辦的第十一屆度量衡大會，確立了SI的七個基本單位：

- **安培（A）**：電流的測量單位。
- **公斤（kg）**：質量的測量單位。
- **公尺（m）**：長度的測量單位。
- **秒（s）**：時間的測量單位。
- **克耳文（K）**：熱力學溫度的測量單位（1克耳文等於1攝氏，但其起點〔starting point〕為絕對零度，等同於 -273.15°C）。

- **燭光（cd）**：測量發光強度的單位。
- **莫耳（mol）**：任意物質與12克的碳——12包含同樣基本粒子數（例如原子、離子或分子）的量。而這等於「亞佛加厥常數」：$6.02214129(27) \times 10^{23}$原子／分子。

適合所有人的測量法 ⋯⋯⋯⋯⋯⋯⋯⋯⋯⋯⋯ Key Points

世界各地的人們根據自己要測量的事物，發展出各自的測量系統。而這也催生出許多光怪陸離的測量單位：

- 賽馬中的一個馬身（2.4公尺／7.9英尺）。
- 一頭牛的草（面積單位）：亦即覆蓋著綠草的土地，且其草量足以養活一頭牛。
- 摩根（morgen，面積單位）：一個人一個早晨用一頭公牛所能耕作完的土地面積，南非法律協會（South African Law Society）於二〇〇七年定義此單位為0.856532公頃／2.1英畝（這個換算似乎有點過於詳細）。
- 木星質量：用於測量太陽系外行星質量，等於1.9×10^{27}公斤。

還有更多根據這些基本單位所定義出來的SI單位。但某些在測量中相當常見的單位（例如小時、公升和公噸），

並不屬於 SI 單位。此外，還有二十個受官方認可能與 SI
單位一起使用的前綴詞：

因子	名稱	符號
10^{24}	佑（yotta）	Y
10^{21}	皆（zetta）	Z
10^{18}	艾（exa）	E
10^{15}	拍（peta）	P
10^{12}	兆（tera）	T
10^{9}	吉（giga）	G
10^{6}	百萬（mega）	M
10^{3}	千（kilo）	k
10^{2}	百（hecto）	h
10^{1}	十（deka）	da

因子	名稱	符號
10^{-1}	分（deci）	d
10^{-2}	厘（centi）	c
10^{-3}	毫（milli）	m
10^{-6}	微（micro）	μ
10^{-9}	奈（nano）	n
10^{-12}	皮（pico）	p
10^{-15}	飛（femto）	f
10^{-18}	阿（atto）	a
10^{-21}	介（zepto）	z
10^{-24}	攸（yocto）	y

但在實務層面上，我們會用月和年來測量時間，而不
是使用「百萬秒」（megaseconds）。

Key Points

調皮的測量單位

二〇〇一年，美國學生森德克（Austin Sendek）提議利用
前綴「hella」（即「非常」、「極」的意思），來表示 SI 單位的
10^{27}。單位諮詢委員會在審議後駁回這項提議，但自此之後，
某些網站包括 Google 計算機等，依然採納了此一用法。

所謂的標準有多準？

用於測量的工具，必須根據被定義的標準來校正，因此這些標準必須是絕對不變。這聽上去很簡單，執行起來卻很難。木尺可能會隨著木頭逐漸風化而縮水或扭曲；即便是鐵棍也會遇熱膨脹，遇冷則縮。

現在，僅剩「公斤」還是根據人為製造的物理標準來衡量。其餘的SI單位都是根據宇宙不變的特質來衡量。舉例來看，秒的定義為：銫133原子基態的兩個超精細能階間躍遷對應輻射的9,192,631,770個週期持續時間。

所以說，這到底是多久？

就我們個人而言，最常使用到的測量單位，或許就是那些關於長度與距離的單位。多數人經常使用到的長度從幾釐米到數百、甚至是數千公里都有可能，因此較常接觸到的是公釐、公分、公尺和公里。但這些不過只佔全部的一小部分。

公尺的定義

一七九五年，公尺最初被定義為：本初子午線一半的一千萬分之一（約莫等於地球上北極點到南極點的一半距

離）。這個定義的誤差落在0.5公釐內。而此長度也以一支存放在巴黎的鉑金棒為標準，該鉑金棒的準確度達百分之一公釐。

一九六○年，它進一步轉變成非物質標準，定義變更為：光在真空中行進 $1/299,792,458$ 秒的距離──這或許意味著我們可以將一公尺重新定義為「光在 $1/300,000,000$ 秒內行進的距離」，但反正這個舊定義我們也已經用了很久。

Key Points

公尺還是不夠好

在瑞典物理學家埃格斯特朗（Anders Ångström）於一八六八年創造了「埃格斯特朗」此一單位時，代表一公尺的標準為一支存放在巴黎的鉑金棒。但作為一個可以用來測量原子間距離的微小單位，金屬棒顯然不可能是最理想的標準──要是不小心有幾個原子卡在末端該怎麼辦？

由於在最開始的時候，埃格斯特朗犯了一個約莫為六千分之一的錯誤，因此那支被存放在巴黎的金屬棒，只好重新拿出來做檢驗。但校正的方式並不精確，且他修正後的計算甚至比一開始還要不準。一九○七年，「埃格斯特朗」被重新定義為：鎘所發射出的紅光在空氣中的波長，亦即 6438.46963 ångströms。

倘若一段弦的長度可以用公分、公尺或甚至是公里來計算，那麼事情還算簡單。但倘若它的長度是從此地延伸到海王星，那麼在單位上，我們最好使用 AUs（Astronomicalo Units，天文單位，不屬於 SI 單位）。1AU 等於地球中心到太陽中心的平均距離，或 149,597,870,700 公尺（約等於九千三百萬英里）。

出了太陽系，測量的單位變得更大了。天文學家開始使用那些在地球上根本毫無用武之地的單位。

「光年」（ly）為光行進一年的距離：9,460,000,000,000 公里（5.88 兆英里）。在太陽系之內，以光年為單位的測量用途有限。使用「光分」（light minutes，光一分鐘所行進的距離）和「光時」（light hour）會更合適。地球與太陽的距離為 499 光秒，這也意味著光需要花上八分十九秒的時間，才能從太陽走到地球。倘若太陽在此刻爆炸，那麼我們還可以度過無憂無慮的八分多鐘，然後發現：大事不妙了！海王星和太陽的距離為 30AU，或 4.1 光時。

然而，天文學家並不是真心喜愛「光年」這個詞（畢竟這聽起來實在不怎麼科學）。他們更喜歡「秒差距」。這個名詞源自於「1 角秒的視差」。1 秒差距等於 3.26 光年，或 206,265 AU。

儘管我們並不會說千 AU 或千光年，我們卻會說千秒差距（kiloparsecs）或百萬秒差距（megaparsecs）。「Megaparsec」為一百萬個秒差距，或約莫等於地球離太陽距離的兩千億倍；而「gigaparsec」則為十億秒差距。科學家認為「可觀測宇宙」的直徑約為 28 個十億秒差距。看起來，我們應該永遠都不需要一個比「十億秒差距」還大的單位。應該沒有任何一段弦的長度，會長到無法以十億秒差距來測量。

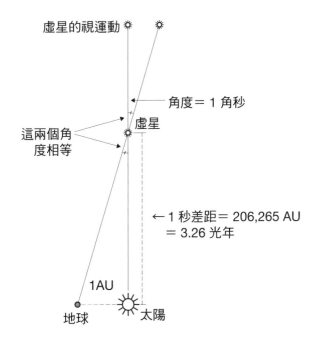

虛星的視運動

角度＝ 1 角秒

虛星

這兩個角
度相等

←1 秒差距＝ 206,265 AU
＝ 3.26 光年

1AU

地球　　　太陽

或者該說有多短？

倘若有一段超級短的弦，我們或許就要用上「埃」（Å）──即埃格斯特朗（ångströms）；1Å等於10^{-10}公尺，或一百億分之一公尺。一顆鑽石內兩顆碳原子中心間的距離為1.5Å。

原子的絕大部分都是空的。儘管一個碳原子的寬度約有1.5Å，但原子核內的質子與中子大小僅為1.6×10^{-15}公尺、或1.6飛米（fm）。其餘空間則為隨機游走電子的出沒地。一個電子的大小約介於2×10^{-15}到2×10^{-16}公尺之間，儘管這麼說有些奇怪，畢竟電子總是被認為沒有確切的空間範圍（不佔任何空間），但假設你有一把標示著「飛米」的尺，那麼你就可以隨意走動測量原子核和電子。

短和超級短

太棒了──但要是你只有一把長度為千分之一飛米的尺，和一把長度為1阿米（am）上面標示著介米（zm，阿米的一千分之一）的尺呢？你可以用這把尺來量什麼？你或許可以拿它來量較大的夸克（quark，一種次原子粒子），但最大的夸克也比1介米（10^{-21}m）小，因此你需要全新的尺──像是一把標示著攸米（ym）的介米尺。（如果你以

為1飛米的尺就跟1公里一樣長，請記得：1攸米僅為1公釐的百萬分之一，而飛米本身更比原子核還要小。）

現在，我們可以測量微中子（另一種次原子粒子）的大小，其寬度僅為1攸米（10^{-24}m）。同樣的，這個粒子也不是以尋常的方式存在於空間中，而是以它產生作用的範圍來界定（不妨想想我們如何測量颱風：颱風並非有形物體，所以我們用它「影響的範圍」來定義其大小）。微中子的大小為電子的十億分之一，假設我們將微中子比喻成一顆蘋果，那麼電子就如同土星、或如同地球的十倍大。

在尺規的極限邊緣

在已知粒子中，沒有小於1攸米的粒子——儘管如此，我們還是有比這更小的測量單位。普朗克（Planck）長度被認為是人類史上最小的長度單位。儘管理論上，我們確實可以永無止盡地創造出更小的單位，但這些單位將毫無意義。在小於普朗克長度（10^{-35}）的世界裡，物理法則並不適用，因而測量本身也變得完全不可行。在普朗克長度下，能讓我們測量的事物，或許僅剩下理論物理中的「量子泡沫和弦」（倘若它們真的存在）。假設一顆蘋果的直徑為一普朗克長度，那麼一顆電子的寬度將超過一千萬

光年，而一個碳原子的大小將超越可觀測宇宙。

弦和萬物

　　現代物理存在著一種理論，認為萬物（所有次原子粒子，以及由它所構成的一切事物）都是由微小的「能量波動弦」所構成。這些弦非常微小——超級超級迷你。它們必須以普朗克長度來測量。倘若一個氫原子的大小等於可觀測宇宙，那麼弦的大小將如同一棵樹。因此，「一段弦有多長」？最好改為「一段弦有多短」？

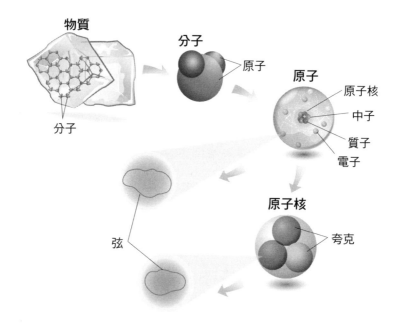

Chapter 16

該如何從資訊海中撈出正確答案？

我們不會用「公釐」測量鯨魚的長度，或用「公里」測量原子的大小。當你面對海量資訊，想求得正確答案就必須使用正確的工具。

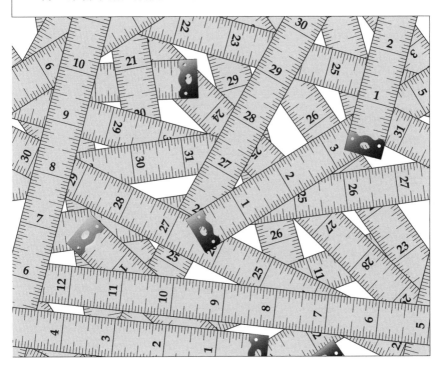

我們有許多不同的測量單位（請見第十五章），因此我們可以挑選適合測量目標的單位。

選擇單位……

倘若使用的單位明顯比測量目標還要大，那麼我們只會得到一串傻乎乎的小數點或完全不精確的測量結果。假設：一隻狗的身高為 69 公分（27 英吋），那麼這個數值也代表了此一單位非常合適。至少，我們不會說一隻狗的身高為 0.0069 公里。

我們會說太平洋的容量約為六億六千萬平方公里（一億五千八百萬立方英里），但絕對不會用立方公里（或英里）來描述我們買了多少牛奶。一個小撇步是：倘若在有效數字之前或之後的零實在太多個，這或許意味著你應該要換個單位了。

數數與計算

數數非常簡單直白，我們可以算有多少人在某個房間裡，或停車場裡停著多少輛汽車。但我們很難去數那些數目極為龐大、狀態並不穩定，以及沒有明確分界的數字。有三個原因，讓我們算不出來穀物的顆粒或沙灘上的沙子

數目：數量太多、數量會隨著海浪與人潮而改變，以及沙灘並沒有明確的邊界。你該從哪一點開始，到哪一點結束？在什麼樣的深度內，還可以被稱作為「沙灘」？

在這些情況下，我們可以用計算或估算的方法，來得到數字。倘若我們知道某座停車塔停滿了車，而這座停車塔一共有十層，每一層的設計都相同，那麼我們就可以數一數第一層的車子數量並乘以十，從而得到車子總數。這樣的答案會相當精準。假設每一層都有八十個車位，那麼整座停車塔將能容納800輛車子，或798、799輛車子（在遇到某些技術很差的駕駛時）。

計算和估算

那麼，一個糖果罐裡的糖呢？這是節日或園遊會上常見的挑戰活動。

倘若糖果的大小和形狀全都一樣（最好還是球體或立方體）、糖果罐的長寬上下相同，那麼這件事將會輕鬆許多。糖果的總數將等於單層糖果的數量，乘以由上至下的糖果階層數。不需要猶豫是否要將單位改成比較常見的單位；在這裡，糖果就是最好的單位。

倘若是圓形的罐子，先數（或假裝猜猜看——假如你

不想被視為書呆子或騙子的話）某一欄從最上端到最下端的糖果個數，再數沿著罐子一圈的糖果數（或數半圈，再將其乘以二）。接著使用這個公式：h為糖果的高度，c為糖果罐周長：

$$(c/2)^2 \times \pi \times h = 糖果罐的容量$$

但如果糖果的形狀和大小均不相同（以科學術語來說，就是「粒子多異」〔polydiverse particles〕）、罐子非常迷你或形狀很奇特時，估算就會變得很困難。科學家想出了許多方法來計算這些罐子所能容納的糖果數（事實上應該說是粒子，至少對他們的實驗而言），但對於園遊會上的數糖果遊戲來看，這些計算或許有些過頭。我們可以透過先數一數某幾條直欄和橫列的糖果個數，取其平均值，再套入到上述的公式中，就能得到一個還算合理的推測。

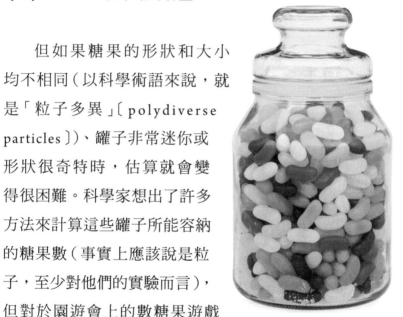

（反正這個遊戲或許也漸漸不流行了——現在，你可以下載手機程式來計算一個罐子裡究竟有多少顆糖果。）

取樣

　　至少，這些糖果沒有試圖越獄或在罐子裡不安份地跑來跑去。它們也沒有試圖藏起來。但要是你想算出一座樹林裡住著幾隻白嘴烏鴉，你該怎麼做？牠們來來去去，回家時又往往躲在巢裡，數量還很龐大。最好的方法，就是觀察作為樣本的樹木一段時間，再根據推測出來的烏鴉數乘以推測出來的樹木數量，來進行推論。

「取樣」是民調用來預測人們會如何投票、或預估酒精消費量與通勤距離的方式。由於我們必須根據樣本來進行推測，因此要想讓一份民調的結果被認為是可靠且具有統計意義的，就必須取得規模合適的具代表性樣本。假如你想推測加拿大有多少名素食者，那麼從安養院中抽選十五名年長者、或從大學校園中隨機挑選一百名年輕女性，大概沒辦法讓你得到可靠的結果。

找到對的人

要想具有代表性，樣本數量與多樣性就必須做到足夠反應實際人口的組成方式。因此，要想挑出能反映加拿大人口的樣本，調查就必須按照加拿大全國的人口比例，囊括所有年齡階層的男性與女性、人種，以及各種社經地位者。這就稱為人口統計學（demographics）。

蒐集到適當的樣本規模，屬於技術層面問題，不過你必須先確定自己是否真要獨自一人來進行這項調查。

假如你只是在閱讀媒體上的調查結果，請先注意「樣本規模」和「人口統計學」，如此一來，你就能粗略地了解這份研究的可信度到底有多高。整體而言，只要抽樣者的數量愈多，調查結果的可信度也愈高——但這需建立在研

究者有確實謹慎抽樣的前提之上。

代表性樣本

下方的表格粗略地顯示了在面對不同的樣本規模和人口時，你能對調查結果抱持多高的信心。舉例來說，假如你面對的人口數超過一百萬（如同加拿大），那麼要想得到誤差範圍為1％的調查結果（也就是答案的準確度需落在 ±1 之內），你就必須針對9,513人進行調查。如此一來，你就能對調查結果抱持99％的信心。

同樣的，利用具代表性的樣本是非常重要的。假如你想知道加拿大人口的飲食習慣，那麼以印度人（多為素食者）或伐木工人（多為肉食主義者）為樣本，顯然無法給予我們一個可靠的答案。

人口	誤差範圍			可靠程度		
	10%	5%	1%	90%	95%	99%
100	50	80	99	74	80	88
500	81	218	476	176	218	286
1,000	88	278	906	215	278	400
10,000	96	370	4,900	264	370	623
100,000	96	383	8,763	270	383	660
1,000,000 ＋	97	384	9,513	271	384	664

有效數字

　　試圖利用給予過多且超過合理範圍的有效數字，來營造出錯誤的準確性，是統計資料呈現上，相當笨拙的一種處理手段。所謂的「有效數字」，就是具有意義、能展示出數目細節的數字（這不包括只是作為佔位符號的零）。以103.57此一數字為例，這裡共有五個有效數字，最有效的數字莫過於1，因其代表了這個數目為超過100的數。而121,000則或許只有三個有效數字——除非該數字確實分毫不差地恰好為121,000。

　　在無條件進位或捨去的步驟中，我們限制了有效數字。當計算的結果不太可能做到完全精確時，進行無條件進位或捨去好讓數字更整齊，是比較合理的做法。舉例來說，倘若你先算出了湯匙上有多少粒沙子，再進一步推論出某個罐子裡有445,341,909粒沙子，那麼即便這個數字非常明確，卻不大可能是正確的。對於光是數到五萬都很難做到精確的我們而言，將這個數字無條件進位成450,000,000、或無條件捨去為400,000,000，是比較合理的舉動。如同全世界的人口，由於我們根本無法精確地測量、且人口總是不斷在變化，因此我們稱全球人口有七十七億。當前的估計為7,752,389,800（2020年）。更確切

的數字並不等同於更準確，且可能會讓人誤以為自己掌握了更多資訊。

　　某些時候，計算或許讓我們得到過多而超過其恰當程度的數字。假設你想知道一張直徑為120公分的圓形地毯面積。圓面積的計算公式為 πr^2，因此一個半徑為60公分的圓形地毯，其面積為 11,309.7336 cm^2。對多數情況而言，11,300 cm^2 這樣的數字，就已經足夠精確。無論如何，附上小數點以後的數字是沒有必要的，畢竟毯子也根本不可能以如此程度的精確來測量。因此，小數點以後的數字，只會讓人擁有逾越出現實程度的精確性。

Key Points

準確的 Pi?

　　Pi（π）是一個無理數，意味著小數點以後的數字可以永無止盡地綿延下去。儘管電腦已經可以算出數十億位數的 π，數學家卻認為使用超過小數點後39位以後的數字是沒有意義的，畢竟在這個範圍以內的 π，就已經足夠用於計算已知宇宙和原子的體積。

你該擔心一場席捲全球的瘟疫嗎？

聖經《啟示錄》中所述的四騎士之一——瘟疫，每個世紀至少會重演一次。大流行病真的很可怕，而數學，能幫助我們嗎？

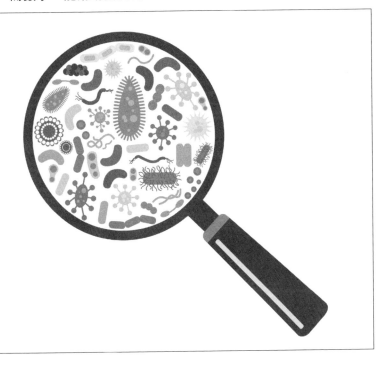

所謂的大流行病（pandemic），就是能擴散至各個大陸、甚至是全世界的流行病（epidemic）。

全家人一起中招的瘟疫

史上最知名的大流行病，莫過於發生在西元一三四六至五○年間，導致亞洲、歐洲與非洲死亡人數破五千萬的黑死病。多數醫學史學家認為，導致這場鼠疫的罪魁禍首，是某一種特別兇惡的鼠疫桿菌（Yersinia pestis）。下一場嚴重的大流行病，則是一九一八至一九年間爆發的新型流感。這場遍及全世界的流感，奪走了約莫五千萬至一億人的性命。儘管死亡數字與黑死病似乎相差不多，但一九一八年的全球人口數（約二十億）遠比一三四六年（約四億）來得多。問題是，這樣的事還會重演嗎？

我們該不該害怕？

令人安心的是，這樣全球性的大流行病總共只發生了兩次。但在過去一百年間，世界已經改變了。在當代盛行的跨國移動模式與速度下，在中世紀時期花了數年才得以擴散到全球的黑死病（畢竟那個時候，人的移動速度無法超越馬能奔跑或跋涉的速度），現在僅需花上數週或數個

月的時間，就能深入世界各地。而現在的數學，與過去相
比也有了很大程度的不同。

病原體的必勝祕笈

　　流感和鼠疫這樣的大流行病與流行病，是因為病原體

而引起（通常是細菌或病毒）。要想造成摧枯拉朽的大流行，病原體就必須：

- 能輕易在人與人之間散播。
- 在讓患者因為病重而無法出門與其他人接觸之前，就被散播出去。
- 讓患者活得夠久，好爭取被傳播的時間。

理論上，如果病原體能懂得些許數學的話，它就可以戰無不勝。

算出疾病的繁殖率

在判斷是否會爆發大流行方面，最關鍵的數字就是疾病的繁殖率，也就是所謂的 R_0 值。這是計算典型染病個體在受感染期間（也就是直至死亡、或完全康復不再受感染為止），能將疾病傳染給多少人的數值。R_0 值愈高，該病原體造成大流行的機率也就愈高。

在簡單模型下，倘若 $R_0 < 1$，代表病原體不會造成流行；倘若 $R_0 > 1$，則代表該疾病會流行（當然，在實務層面上更為複雜）。我們可以透過蒐集個案的數據，以及追蹤

其接觸和受感染率的方式、或透過蒐集總人口的受感染率，來計算 R_0 值。這兩種方法經常會得出兩種非常不同的結果，並因此讓流行病學（流行病研究）備受挑戰。

R_0 值的計算方式為：

$$R_0 = \tau \times \bar{c} \times d$$

τ 為「傳染力」（transmissibility），也就是易感者（susceptible）與感染者接觸時，被感染的機率。假設某一名感染者曾與四個人接觸，而其中一人因此被感染，那麼傳染力就為四分之一（¼）。

$\bar{c}$ 則是易感者與感染者的「平均接觸率」（用接觸除以時間來求得）。假設感染者與易感染者在一週內的接觸次數為 70 次，那麼每一天的接觸率為 $^{70}/_7 = 10$。

d 則是「具傳染性的時間」（個體會散播疾病的時間長度，其使用的時間單位必須和已計算出來的 $\bar{c}$ 一樣）。

假設某一種疾病讓人具傳染性的時間為四天，傳染力為 ¼，接觸率為 10，那麼：

$$R_0 = ¼ \times 10 \times 4 = 10$$

換句話說，這個病原體有極高的機率會轉移到大量人口身上！

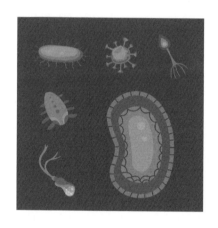

另一個重要因素，則在於有多少人為易受感染的對象。無論是因為曾經得過特定疾病或接種疫苗，只要人們對此病原體免疫，他們就不會受到感染。但在面對新病毒株或新疾病時，人人都不具抵抗力，這也讓疾病更容易蔓延開來。

一般而言，R_0值愈高，就愈難控制疾病的傳播。由於在實務與理論層面，各有很多種計算 R_0 值的方法，因此將其進行直接比較是不太可靠或沒有必要的舉動。但這也是我們目前能找到的最好方法（在這方面，病原體還是佔了上風）。

我們不是數字

R_0 值只能是近似值，因其建立在人口和人口內的接觸率具同質性（均勻混合）。但現實情況不太可能真的如此，畢竟有些人會比其他人來得脆弱。

舉例來看，有些人會和大量但非同質性的族群接觸，像是有機會與大量孩子接觸的老師，或居住在安養院裡的老人。相反的，獨居或住在偏遠地區的人們，他們與外界的接觸就非常有限。

瞬息萬變的流行病

疾病的 R_0 值，會在其流行或大流行的期間內發生變化。算式中的兩項數字——傳染力與接觸率，是建立在易感族群的數目之上。當傳染病持續發生時，易感族群的數量自然會減少，因此這兩項數字也會隨之下降（得過此種傳染病且康復、或死亡的人們，自然不會被再次感染）。

在一開始，所有曾經和感染者接觸的對象，都是易感者（存在於未接種疫苗的人口中），請見以下的圖解：

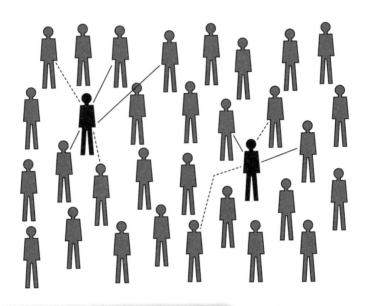

誰最流行？ **Key Points**

某些常見流行病的 R_0 值分別為：

疾病	R_0 值
麻疹	12-18
百日咳	12-17
白喉	6-7
小兒麻痺症	5-7
SARS	2-5
流行性感冒（1918年大流行）	2-3
伊波拉（2014年爆發）	1.5-2.5

最初的 R_0 值＝ 2

易感者＝ 30

感染者＝ 2

—— 因為接觸而感染

---- 接觸但未受感染

在流行病持續了一陣子之後，許多人早就因為接觸而受到感染，因此不再是易感對象，如下圖：

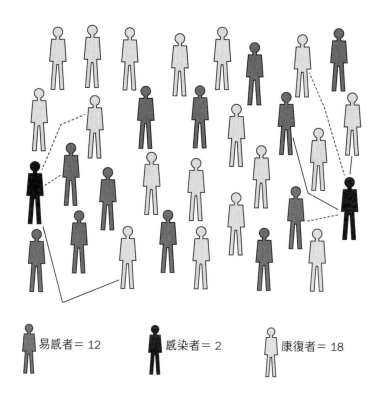

易感者＝ 12　　感染者＝ 2　　康復者＝ 18

在流行病後期，R_0 值會降低。最後，R_0 值會掉到 1 以下，傳染病也因而結束擴散。

來一針吧！

　　疫苗能減少人口中的易感者數量。假如多數人都接種了疫苗，那麼感染者接觸到易感者的機率就會很低，該疾病自然無法流行起來，這就稱為「群體免疫」（herd immunity），這也有助於保護那些無法接種疫苗者（像是身患癌症或HIV者等）。這些對象因為不大可能接觸到感染者（因為多數人都有抗體），因此他們受感染機率自然降低了。由於這些人對於此種疾病沒有任何抵抗力，因此群體免疫的規模愈大，他們自然也就愈安全。

　　倘若某種疫苗能百分之百地抵抗某種疾病，那麼要想知道在特定人口數量中，只要有多少比例的人口接種疫苗就能防止該病大流行，我們可以透過這樣的算式來粗略地了解：

$$1 - 1/R_0$$

　　這個算式意味著倘若某一R_0值為3的致命性流感有爆發流行的危機，那麼只要有$1 - \frac{1}{3} = \frac{2}{3}$的人口接種疫苗，我們就能預防此種流感大爆發。

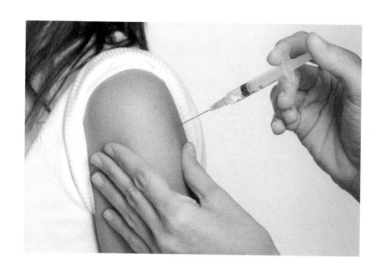

　麻疹的 R_0 值為 12 至 18。為了簡單起見，就讓我們折衷地決定其為 15。這也意味著 $1-{}^{1}/_{15} = {}^{14}/_{15}$ 或 93％的人必須接種疫苗，才能防止麻疹在人口中蔓延開來。

　有 20％的美國人錯誤地堅信疫苗會導致自閉症，許多人更因此而拒絕讓自己的孩子接種疫苗。在美國，疫苗接種率在二〇一五年為 91.1％，但某些地區學齡前兒童的接種率卻低到僅有 81％，這也導致這些區域更難抵擋麻疹的流行。

Chapter 18

外星人在哪裡？

想當然爾，我們絕對不會是宇宙中唯一的智慧生
物體，至於說外星人距離我們有多遠？這個問題
或許只有數學可以回答。

光是看看宇宙中我們所佔據的一角——據說，銀河裡就有三千至四千億顆恆星。我們的星系已經不算大的了：巨大的橢圓星系各有一百兆顆恆星。而可觀測宇宙中大約有超過一千七百億個星系，因此可能有 10^{22} 至 10^{24} 顆恆星。即便是 10^{22}，也是地球上每一座沙灘上所有沙粒總數的一萬倍，而 10^{24} 更是所有沙粒總和的一百萬倍。認為在這擁有 10^{22} 顆恆星的宇宙中，不存在其他如我們一般擁有先進文明技術的生物，自然是相當不可思議的傲慢心理。

可觀測宇宙

可觀測宇宙是一個以地球為中心的球體，其大小為九百二十億光年。在此之外，或許還有很多宇宙，但我們無從得之，因為從這些地方出發的光根本還沒抵達我們這裡——即便在一百三十八億年以後。在我們所知的世界外，極有可能存在著更多宇宙。而我們恰好為一個球型宇宙中心的機率，則非常非常低。

因此，宇宙中某處存在著某些高等生物的機率確實很高，但他們或許遠到無法接觸我們。但在我們自己那擁有

> 宇宙中擁有其他智慧生命體？當然。我們的星系中也有其他智慧生命體？機率大到我願意用任何賠率來跟你賭。
>
> ——保羅・霍羅威茨（Paul Horowitz），搜尋地外文明計畫（SETI）領導者，一九九六年

三千至四千億顆恆星的星系中，存在高等生物的機率呢？
這或許是我們能回答的問題──至少，總有一天可以。

費米悖論

　　義大利物理學家費米（Enrico Fermie）於一九五〇年時
提出：倘若宇宙中高等智慧生物非常普遍，為什麼沒有任
何外星人接觸過我們，且我們什麼證據都找不到呢？這個
問題自此之後一直深深困擾著所有天文學家，並誘發了許
多關於技術發展障礙、種族演化與存亡的理論，當然還有
我們是否「真的如此特別」的亙古質疑。

費米因為製作出核子反應爐而聲名
大噪。他在閒暇的午餐時間裡，提
出了自己對外星人的看法。從此之
後，在我們所處宇宙中搜尋外星生
命的行為就開始大量激增。

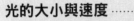

Key Points

光的大小與速度

可觀測宇宙的半徑大於138億光年（儘管我們認為宇宙的年齡為138億年）。這是因為在宇宙膨脹的過程中，將最遠的事物推得離我們更遠。因此，早在138億年以前，光就從現在距離我們約莫460億光年的物體上開始動身。

德雷克公式

德雷克（Drake）公式試圖為地球以外存在著外星生物的可能性（僅限於我們的星系）設定參數。目前，我們還沒有足夠的資訊來填滿所有變項，但該公式展示了當我們擁有恰當的數據時，我們可以如何計算機率。在現存幾種稍微不同的版本之中，最符合直覺的版本如下：

$$N = N^* \times f_p \times n_e \times f_l \times f_i \times f_c \times f_L$$

其中：

N ＝發射出我們星系可偵測到的電磁輻射的文明數量（也就是位在當前光錐者，如右圖所示）。

此外：

N* ＝銀河系的恆星數量。

f_p ＝恆星中有行星的可能性。

n_e ＝每一個太陽系內所擁有的平均適宜居住行星數。

f_l ＝適合生命居住的行星實際發展出生命的可能。

f_i ＝行星上的生命發展出智慧生活（文明）的可能。

f_c ＝這些文明發展出可向外太空發送可偵測訊號的
　　機率。

f_L ＝可交流文明的預期壽命。

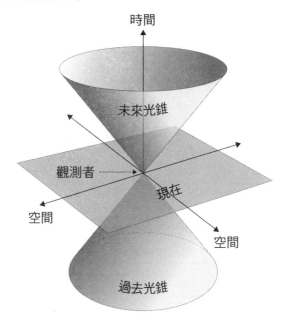

時間

未來光錐

觀測者

現在

空間

空間

過去光錐

儘管智慧生命體存在的機率看上去不高，但別忘了我們的起點是星系中那高達三千億至四千億的恆星，且擁有行星的機率看上去更像是常態而非特殊狀態。讓我們用一些數字來測試看看（一切都只是假設）。

　　讓我們假設星系中有15％的恆星跟太陽很像、且擁有行星（f_p）。此一假設也落在我們當前的推測──5％至22％中間。因此：

四千億 ×0.15

Key Points

行星瘋 ⋯⋯⋯⋯⋯⋯⋯⋯⋯⋯⋯⋯⋯

　　一直到最近，我們都不知道銀河中的其他恆星，是否擁有行星。但現在搜尋「外行星」（exoplanets，位在太陽系外的行星）的行動相當順利且收穫頗豐。截至二〇一五年四月，我們認識了1,200個不同行星系裡的1,900個行星。

在我們太陽系的眾多行星中，除了地球以外，火星是唯一被認為曾經擁有過生命、或有潛力發展出生命的行星，因此 $n_e = 2$：

四千億 ×0.15×2

許多科學家認為地球上開始出現生命的時間不過十億多年左右。這是否意味著只要情況對了，生命就會出現呢？但我們在其他行星上都沒有找到生命的蹤跡，且太陽系裡的月亮看上去也很適合生命發展，所以這是不是代表生命的出現並不容易？我們無從得知。

在推測生命出現的可能性上，機率範圍橫跨100%（如果生命能出現，就必定會出現）到0%（生命鮮少會出現）。讓我們採取這之間的數值，假設 f_l 為10%：

四千億 ×0.15×2×0.1

那麼，在這些行星之中，有多少生命體能發展出文明（ f_i ）？這很難推測。某些科學家認為智慧能帶來的益處太大了，因此或遲或緩都會發展出來（機率接近百分之百）。其他人則認為文明是罕見的特例。讓我們假設 f_i 為1%：

四千億 ×0.15×2×0.1×0.01

現在，變得愈來愈靠推測了。我們完全不清楚智慧生命體打造出文明科技並發送出可偵測電磁輻射符號的機率（ f_c ）為何。這個機率可以是十分之一，也可以是一百萬分之一。讓我們先假設 f_c 為一萬分之一：

四千億 ×0.15×2×0.1×0.01×0.0001 ＝ 12,000

因此，在銀河系中，共有一萬兩千個文明可以發射出被我們偵測到的訊號。這聽起來很讓人興奮，但更重要的是，他們在時間上還必須與我們重疊（或者他們所發出來的訊號必須能在我們存活的時間內到達）。

　　假設某一種文明能進行電磁波活動的時間為一萬年（人類目前所存續的時間），而其身處的行星有一百億年的歷史，那麼 f_L 會等於 $10^3 \div 10^9 = \frac{1}{10^{-6}}$

$12,000 \times 10^{-6} = 0.012$

　　因此，在我們的星系中，此刻有98.8％的機率沒有任何外星人正在聆聽或發送出訊號。

當然，這些數字幾乎都是推測出來的，且很有可能大錯特錯。假設有一半的恆星都擁有適合發展出生命的行星；假設生命一定會出現且最終會發展出智慧；假設10％的智慧型生命發展出電磁通訊，且發展最成功的種族（如鯊魚），存活了三億五千年，那麼這個數字將會變得非常不同：我們將得到一百四十億種懂得通訊的生命體！這個數字遠比保守估計多出一兆倍以上。

　　假如你想用不同的方式來評估宇宙，網路上有許多不同的互動式德雷克公式計算機供你使用。

Chapter 19

質數有什麼你一定要知道的祕密？

質數的用途遠比你所想到的還更多——或許你壓根兒都不會想到，數位時代所有的網路交易，都是一群黑壓壓的質數大軍幫你完成的。

1	2	3	4	5	6	7	8	9	10
11	12	13	14	15	16	17	18	19	20
21	22	23	24	25	26	27	28	29	30
31	32	33	34	35	36	37	38	39	40
41	42	43	44	45	46	47	48	49	50
51	52	53	54	55	56	57	58	59	60
61	62	63	64	65	66	67	68	69	70
71	72	73	74	75	76	77	78	79	80

所謂的質數，就是除了自己以及 1 之外，沒有任何因數的數字。這意味著質數不會是（所有正整數）乘法之和的產物，除了：

〔質數〕×1 =〔質數〕

質數和合數

合數就是在自己和 1 以外，還有因數的數。因此，所有的正整數（除了 1 和 0）都必定是質數或合數。所有的合數都可以用「質因數」來表示，亦即可以被拆解成數個質因數的乘法之積。這也點出了質數的重要性：它們是構成所有數字的一磚一瓦。

特殊案例 ⋯⋯⋯⋯⋯⋯⋯⋯⋯⋯⋯⋯⋯⋯⋯ **Key Points**

0 和 1 並沒有被視為質數。在十九世紀時，曾有那麼一段時間，數學家認為 1 是質數，但現在已經沒有人這麼想了。

2 是唯一的偶數質數。

質數定理

在十九世紀被證明的質數定理指出，一個隨意選定的數字n，它為質數的機率與其位數成反比，或為n的對數。這意味著這個數字愈大，它為質數的機率也愈低。

在一直到n之前的連續質數，其平均間隙約為n的對數，或ln(n)。

找出質數

「判定質數」（primality）的其中一種方法，就是試除法。倘若n為我們判定的目標，請試著用介於1至½ n之間的所有數字，來除除看n。

對於較大的數字，這個方法就顯得相當困難，因此需要用到其他方法（通常還要透過電腦幫忙）。截至二〇一五年時所發現的最大質數擁有17,425,170個位數，為$2^{57,885,161} - 1$。除非你超級投入，否則為了找出更大的質數而廢寢忘食是沒有必要的，但美國加州的電子前線基金會（Electronic Frontier Foundation）決定祭出獎金給第一個找出擁有至少一億位數質數的發現者，以及第一個找出至少擁有五億個位數質數的人。

某些最強大腦和當代最強的電腦程式，正試圖找出質

數的模式，但目前仍未得到可預測的模式。

埃拉托斯特尼篩法

　　生活在西元前二世紀與三世紀的古希臘數學家歐幾里德，是人類史上第一位找出質數的人。而活躍於西元前二世紀的另一名希臘數學家埃拉托斯特尼（Eratosthenes），則提出了用他所謂的「篩子」來篩出質數的方法。儘管這個方法只適用於相對較小的數字，卻仍然非常實用。

　　首先，畫出一個十行的表格，以及足以容納你所想要判定數字數目的橫列：假如你想要檢驗n以下的數字，你需要一個能展示1到n數字的格位。從4開始，將所有為2的倍數刪掉。接著再刪掉所有3的倍數、接著是5、然後是7……，不斷重複這樣的動作。

　　當你算到½n－1時，就可以停下來了，因為比這個更大的數不可能為n或小於n的因數。而最後沒被刪掉的數，就是質數。

不幸被忽視的質數

　　從古希臘直到十七世紀間，人們對質數並沒有太多的興趣。即便到了十七世紀，質數也沒有任何實際用途，只

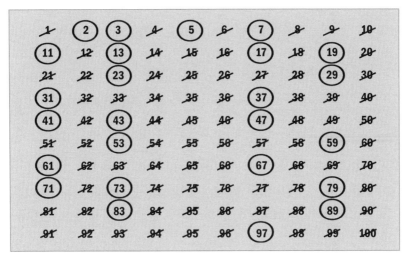

要想知道某個數是否為質數，試著將其除以 2。倘若它能被整除，這個數就不是質數。唯一的偶數質數為 2，2 除以 2 等於 1（非質數）。

是單純地存在於純數學領域內。直到電腦時代來臨，人們開始需要加密演算法時，它們才開始發光發熱。

加密系統讓質數重回舞台

質數度過了一段相當慵懶的時光，直到數據加密的需求開始出現。現在，我們每天會透過網路傳送大量的安全交易與其他祕密資訊，而質數就像是現代的鏢局，沿途護送這些資訊。

將兩個非常大的質數相乘，會得到一個合數：

$$P_1 \times P_2 = C$$

　　這個合數可以用來生成所謂的「公開金鑰」(public key)，而銀行(或任何單位)可以將這組密碼傳送給希望將自己資訊加密的使用者。倘若你在網路上進行購物，你的信用卡資訊會透過公開金鑰進行加密，而加密的動作會在你個人使用端進行。即便這份資訊被中途攔截，也只會看到一長串複雜而無意義的語言。在你的信用卡資訊抵達另一端後，就會透過私有密鑰(private key，從 $P_1 \times P_2$ 得來)進行解密。

　　這個方法之所以可行，是因為我們很難找出一個超大

數字的質因數。攔截到資訊的駭客必須花上一千年的時間，才能用電腦解開這組密碼——找出質因數。正是因為當代的加密系統是如此難以攻破，政府才會希望某些科技公司能在自己的系統內開一扇「後門」，好讓他們監視別人在做些什麼。

Key Points

烏拉姆螺旋（Ulam Spiral）

一九六三年，當波蘭數學家烏拉姆（Stanislaw Ulam）在一場沉悶的科學研討會上，窮極無聊地隨手亂畫時，突然得到驚人的重大發現。他畫著數字的螺旋，其中心為1。

```
37—36—35—34—33—32—31
 |                    |
38  17—16—15—14—13  30
 |   |            |   |
39  18  5—4—3   12  29
 |   |  |    |   |   |
40  19  6  1—2  11  28
 |   |  |        |   |
41  20  7—8—9—10  27
 |   |            |   |
42  21—22—23—24—25—26
 |
43—44—45—46—47—48—49...
```

接著，他將所有質數獨立出來（如下圖）。

他察覺到質數分佈在對角線上的情況。當螺旋規模愈大，此一模式也愈清楚。有些也會落在水平線或垂直線上，但數量並沒有那麼多。

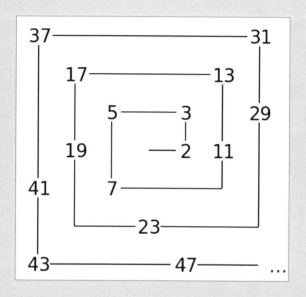

倘若我們用電腦來繪圖，並以白色像素代表合數、黑色像素代表質數，我們可以清楚看到烏拉姆螺旋中的對角線，如右頁那張圖。將這張圖和有著同樣數量的隨機數字圖相比，更能清楚看到對角線的存在。

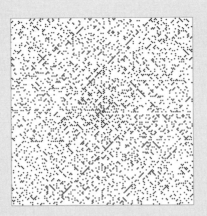

　　目前，這仍為一個不可預測模式，儘管認為其中必定隱藏著某種規律的想法確實很誘人。

Chapter 20

該如何讓機率站在你的那一邊？

每一天，我們都必須和機率（亦稱之為「機會」或「風險」）交手，有時甚至在渾然未覺的情況下，機率就已為我們的人生做出決定。

當你買了一張樂透彩——或者當你只是穿越一條馬路時，你就是在和機率交手。

抵抗機率？

賭博的核心就是機率。事實上，賭博正是導致人們開始研究機率（機會、風險的數學面貌）的動機。要想在多數時候都賺到錢，賭場老闆和馬票商人必須對機率有充分的認識，否則他們就無法獲利。但為了吸引人們下注，他們必須用特殊的方式來呈現機率。方法有以下幾種。

在賽馬時，馬票商人會以類似下面這個方式，來呈現每一匹馬的賠率：

可怕的警告	**20:1**
時髦褲子	**4:1**
奇怪夸克	**8:1**
切線	**7:1**
合理的賭注	**5:1**

將這些數字換算成分數，有助於我們理解其意義。賠率20:1，代表莊家認為「可怕的警告」有二十分之一的勝

率，也就是 ¹⁄₂₀。「時髦褲子」的勝率更高，有¼。倘若我們將所有馬匹的勝率（分數）相加，我們應該會得到1──這是就數學而言。然而實際上卻不是這樣的，因為莊家必須透過總投注額與總彩金之間的落差來賺錢。就這個例子而言，總賠率為：

$$^1/_{20} + {}^1/_4 + {}^1/_8 + {}^1/_7 + {}^1/_5$$
$$= 0.05 + 0.25 + 0.125 + 0.142857 + 0.2$$
$$= 0.767857$$

該數字與1的差距為0.232143，這也意味著莊家可以獲得超過23％的利潤（假設投注為均勻分佈）。

顯然，莊家的賠率和真實賠率無關──莊家知道每一匹馬獲勝的機率。真正的機率相加後必須為1，畢竟總會有一匹馬勝出（除非所有的馬都跌倒或被取消資格）。

關於樂透的大小事

樂透是另外一種僅有極低機率能贏得超大獎、但有合理機率能贏得小獎的賭博形式。多數由國家發行的樂透彩都是如此。贏得頭獎的機率根本是微乎其微（經常是數百

萬分之一），但也有相當高的機率（通常為二十五分之一左右）能贏得極低的獎金（如十塊美元）。

這是相當狡猾的設計，因為這告訴人們：儘管贏得大獎的機率近乎等於零，但至少他們很有可能不會輸掉本金。廣告中或許會喊著「每週開出五萬個獎」之類的言論，但如同我們在〈第九章〉看到的，龐大的數字立刻吸引了人們的注意；對分母的忽略讓我們忘記了這背後的機率可能是三百五十萬分之五萬——也就是七十分之一。

吃角子老虎的運作方式與分級獎金原則相同——提供合理的機率贏得小獎、和極低的機率贏得大獎。得到小獎的人們會受到激勵，進行一次又一次的挑戰，最後卻可能因此賠了大錢。

一次又一次

某些時候，知道一件事情以上的機率會為我們帶來極大的助益。我們或許會想知道：

- A 和 B 發生的機率
- A 和 B 同時發生的機率

要想求得「對立機率」（alternative chance，A或B），我們需要將機率相加。

要想求得「累積機率」（cumulative chance，A和B），我們需要將機率相乘。

假設你同時申請兩份工作。在第一份工作中，有五名同時符合資格的候選者（包括你），因此你被雇用的機率為五分之一，也就是0.2。而第二份工作僅有四名符合資格的候選者，因此你被雇用的機率為四分之一，也就是0.25。

因此，你獲得任意一份工作的機率為：

0.2 ＋ 0.25 ＝ 0.45（45%）

而你同時獲得兩份工作的機率為：

0.2×0.25 ＝ 0.05（5%）

換句話說，你獲得一份聘書的機率，是同時獲得兩份聘書機率的八倍。

你獲得一份、而不是兩份工作的機率，等於你「獲得

一或兩份工作的機率」及「同時獲得兩份工作機率」的差：

0.45 － 0.05 ＝ 0.4（40%）

因此，最有可能的結果就是你兩份工作都沒得到，接著是你只拿到一份工作。

方法不只一種

在計算機率上，最容易理解其原則的方式，就是透過擲硬幣或丟骰子來想像。

擲硬幣非常單純：不是正面，就是反面。假設我們手中有一枚正常的硬幣，它倒向任意一側的機率都一樣，那麼正面朝上的機率為½（0.5，或50％），反面朝上的機率也是½（0.5，或50％）。假設我們擲兩次硬幣，我們可能會再次得到正面或反面。因此擲兩次硬幣所得到的結果，機率為：

第一次	正面		反面	
第二次	正面	反面	正面	反面

現在，有四種可能的結果：正面、正面；正面、反面；反面、正面；反面、反面。在多數情況下，「先正面再反面」與「先反面再正面」的意思是一樣的。因此，連續得到正面的機率為¼；連續得到反面的機率為¼；得到一次正面和一次反面的機率則為½。

當我們擲硬幣的次數增加，可能的結果也會增加，而全部得到正面或反面的機率則會減少（請見左下的表格）。擲 n 次硬幣皆得到正面的機率為 $\frac{1}{2}^n$。擲 n 次硬幣皆得到反面的機率也為 $\frac{1}{2}^n$。得到全部正面或反面的機率則為 $2 \times \frac{1}{2}^n$，也就是 $\frac{1}{2}^{n-1}$（請見右下的表格）。

六分之一的機率

至於骰子，由於每一次投擲都會有六種可能的結果，

投擲次數	全部得到正面的機率
1	½
2	¼
3	⅛
4	¹⁄₁₆
5	¹⁄₃₂
6	¹⁄₆₄

投擲次數	全部得到正面或全部得到反面的機率
1	1
2	½
3	¼
4	⅛
5	¹⁄₁₆
6	¹⁄₃₂

因此問題也複雜許多。同樣的計算方法仍然適用，只不過改成6的次方，也就是6^n。每一次擲出5（或任何數字）的機率如下表所示。

投擲次數	得到 5 的機率
1	$\frac{1}{6}$
2	$\frac{1}{36}$
3	$\frac{1}{216}$
4	$\frac{1}{1,296}$
5	$\frac{1}{7,776}$
6	$\frac{1}{46,656}$

假設你同時擲出兩個骰子，那麼擲出同一個數字的機率，就是$\frac{1}{6}^{n-1}$。

當投擲的次數多於一次時，得到不同數字之和的機率，也變得更為複雜。這是因為我們能用很多種不同的方式，來得到特定之和（請見右頁的表格）。

擲兩個骰子最有可能得到的數字之和為7，因為構成7的方式總共有六種。這也意味著得到7的機率為$\frac{6}{36}$，或$\frac{1}{6}$。因此在玩擲骰子的遊戲時，假如你有選擇的機會，請選擇擲出7吧！

2	1 + 1					
3	1 + 2	2 + 1				
4	2 + 2	1 + 3	3 + 1			
5	1 + 4	2 + 3	3 + 2	4 + 1		
6	1 + 5	2 + 4	3 + 3	4 + 2	5 + 1	
7	1 + 6	2 + 5	3 + 4	4 + 3	5 + 2	6 + 1
8	2 + 6	3 + 5	4 + 4	5 + 3	6 + 2	
9	3 + 6	4 + 5	5 + 4	6 + 3		
10	4 + 6	5 + 5	6 + 4			
11	5 + 6	6 + 5				
12	6 + 6					

Key Points

用硬幣來做決定

　　十九世紀的精神病學家佛洛依德，曾經鼓勵優柔寡斷的人們，在面對生命中難以抉擇的問題時，以擲硬幣的方式來幫助自己。他並非鼓勵人們將重大抉擇交給命運，而是要人們利用硬幣來判斷自己的慾望，他說：「我要你做的，是記錄下硬幣做出的決定。接著觀察你自身的反應。捫心自問：我高興嗎？我失望嗎？這麼做能幫助我們認識自己對事物最真實而深入的感受，並以此為根基做出正確的抉擇。」

Chapter 21

你的生日是哪一天？

你相信嗎？在一個有三十人的房間裡，其中兩個人的生日，有極大的機率（遠超過一半）會是在同一天⋯⋯

前面那一段經常可以看到的描述，確實很難讓人相信。因為這完全違反我們的直覺。

最常見的生日

在處理機率方面，我們可以用兩種方法。其中一種方法，就是我們在〈第二十章〉所討論到的，這就是所謂的「頻率論」（frequentist）方法；另一種則為「貝氏」（Bayesian）法，由英國數學家貝葉斯（Thomas Bayes，一七〇二至六一年）發明，且更為複雜。

假設一年有365天（先忽略閏年），因此你在某一特定日期生日的機率為 $1/365$。若你將自己的生日與任何一個外人相比，則你與對方生日為同一天的機率為 $1/365$，即：

$$= 0.0027$$

但別忘了，我們要找的並不光是你的生日而已。房間裡共有三十個人，這讓我們能得到 30×29 種——也就是870種可能的生日組合。現在，你明白為什麼同一天生日的機率這麼高了吧。

將問題倒過來

與其想著人們同一天生日的機率，不如先來想想那些「不在同一天生日」的人，也就是房間中的三十人全部在不同天生日的可能。

假設只有兩個人，那麼這兩人生日不同天的機率為：

$$1 - \frac{1}{365} = \frac{364}{365} = 0.997$$

假如我們再添加一人，那麼現在只剩 363 天是沒有人生日的。現在，這三人生日都不同天的機率為：

$$\frac{364}{365} \times \frac{363}{365} = 0.992$$

再加一人，則機率為：

$$\frac{364}{365} \times \frac{363}{365} \times \frac{362}{365} = 0.984$$

在我們讓整個房間擠滿三十人以後，所有人都不在同一天生日的機率將變成 0.294，接近 30％。這也意味著有 70％的機率，會出現至少兩個人在同一天生日。當房間內

有二十三人時，機率就會達到50％。當房間內擠滿五十七人時，機率更會直接逼近99％。

再翻轉一次

貝氏方法在處理機率上，則非常不同。它可以透過一組機率來衍生出另一組相關的機率。貝氏理論表示：

$$p(A|B) = \frac{P(B|A)P(A)}{P(B)}$$

P代表機率。

什麼時候會走到盡頭？

貝氏方法的其中一種用途，就是用來計算人類可能滅絕的日期。一九八三年，澳洲物理學家卡特（Brandon Carter）提出了所謂的「末日論證」（Doomsday Argument）。他使用了相對低的現存人口數六百億（在一九八三年），計算出有95％的機會，人類存活的時間將不超過9,120年——也就是小於9,100年，畢竟現在已經離一九八三年有段時間了。

貝氏坦克

Key Points

在二次世界大戰期間，同盟國企圖透過貝氏分析，利用被扣留或摧毀的坦克數，來推估德軍的坦克產量。他們計算了某兩輛被俘虜坦克車上的六十四顆輪子，需要用到幾台模具來製造。接著，再利用一台模具在一個月內可以生產幾顆輪子的已知資訊，計算出需要多少台模具才能生產出如同這樣六十四顆輪子的比例。同盟國因此得知在一九四四年二月，德國共生產了270台坦克——遠超過他們之前的估計。他們也利用貝氏方法，透過被捕獲的坦克編號來計算可能的坦克數量——結果計算出來的數字驚人地準確。

將統計出來的評估數量和（戰後）德國自己的紀錄相比較後，發現在軍事能力方面，統計方法遠比情資蒐集來得更可靠。

Chapter 22

你的下一步，值得冒這個險嗎？

諾貝爾文學獎得主 T.S. 艾略特說：「只有那些冒險走到更遠的人，才能知道自己可以走多遠。」但在數學上，你還需要知道得更多。

我們對風險的理解非常奇妙，且經常偏離數學上對風險的明智判斷。這牽涉到許多心理因素，像是熟悉度、創新度、未知因素（關於風險）、自我感受到的掌握程度、結果的罕見性、避開風險可能會遭遇到的不方便、危險的立即性，以及可能造成的傷害程度。

活得危險一點！

邏輯上，當某個行為會伴隨著極高的死亡率或重傷率時，我們往往會避之唯恐不及 —— 然而，卻有許多人恣意地開快車、抽菸或暴飲暴食。與此同時，在二〇一四、一五年間，美國人與歐洲人對伊波拉病毒簡直憂心忡忡，然而這個病毒只在非洲六個國家內爆發，且多數人根本不會前往這些國家。

是的，伊波拉具備了各種令人害怕的特質：

- 得病後，有超過50％的死亡率。
- 該疾病會造成極度不適。
- 多數人都不熟悉。
- 媒體上的高曝光率。
- 由於疾病發生的路徑相當隨機（儘管並不是真的隨

機到可以讓5,000公里外的人染病），讓人們覺得無從防範。

除此之外，還有許多未知。伊波拉會跑到非洲以外的地方嗎？它有可能在人們並未出現症狀的情況下，就具傳染力嗎？然而，為了避免染病所需遭遇到的不便，其實並不多：不要去非洲，不要在治療伊波拉的診所或處理屍體的場所附近遊蕩。儘管伊波拉根本不會對人們造成太大的威脅且在防範上一點也不困難，多數人卻聞之色變。

另一方面，我們都知道搭車是一件「已知危險」。但我們很熟悉這件事，也認為自己可以掌握情況——儘管這種感受其實是虛幻的（畢竟我們無法控制其他駕駛）。當然，媒體上我們不會看到太多車禍新聞，因為這太常見了——這也點出了搭車的高風險。多數人一點都不怕搭車，且避免搭車會造成生活上極大不便。

高戲劇性，低風險

對人類而言，最致命的動物絕對不是你腦中浮現的鯊魚、老虎、河馬或任何大型動物。甚至不是狗。而是蚊子。每年被蚊子殺死的人，超過五十萬人（因為瘧疾等其

他疾病）。然而，多數人都會認為在巴西的河邊散步，絕
對比在大白鯊出沒的澳洲沿海區域游泳來得安全。溺水的
機率比被大白鯊咬死的機率高出 3,300 倍。因此，當你在
海裡存活了相當長的一段時間後，你應該覺得自己非常幸
運（遠比看到鯊魚幸運）。

換算成數字的風險

　　如同多數情況下的數字，一定要有前因後果，才看得
出數字所代表的風險。下面有兩個關於美國道路交通死亡
率的數字：

- 1950年，有 33,186 人死於交通意外
- 2013年，有 32,719 人死於交通意外

　　看起來，自一九五〇年以來，道路安全並沒有顯著
的進步，這讓人相當沮喪。但增添更多資訊後，就能讓
人認識這些數據。倘若我們知道這些年代的美國人口數，
就能稍微弄清楚事情的真貌。一九五〇年，美國人口約
為一億五千兩百萬人；二〇一三年則為三億一千六百萬
人──遠超過兩倍。倘若我們根據人口來計算交通意外死

亡率，或許就會覺得情況有相當顯著的進步。

年份	死亡	人口	死亡／100,000人
1950	33,186	152（百萬）	21.8
2013	32,719	316（百萬）	10.3

　　假如再加上這兩年內的汽車駕駛總距離，我們還會看到另一番具有不同意義的數據。

年份	死亡	人口	汽車行駛英里（億）	死亡／100,000人	死亡／汽車行駛一億英里
1950	33,186	152（百萬）	4,580	21.8	7.2
2013	32,719	316（百萬）	29,460	10.3	1.1

　　在2013年開車的安全性，是在1950年開車安全性的七倍；也就是風險降低了85%。

百萬分之一

　　風險分析師稱百萬分之一的死亡率為「微亡率」（micromort）。假如你在思考該如何移動到某座小鎮或上班的地點，你可以藉由比較不同交通工具的「微死亡風險」，來計算自己要移動多少距離以後，才可能會遇上一

場令你致命的意外。

顯然，搭火車是最安全的方法，而騎摩托車是最冒險的選擇。

交通工具	公里／微死亡
火車	9,656 公里
汽車	370 公里
腳踏車	32 公里
徒步	27 公里
摩托車	10 公里

慢性與急性風險

從樓梯上摔下來並扭斷脖子的風險，屬於急性風險——很有可能馬上發生，並立即造成死亡。倘若你能毫髮無傷地安全走下樓梯，風險就消失了（至少就此刻而

更有可能殺死你的動物 .... **Key Points**

平均而言，全世界每年僅有不到六個人會被鯊魚咬死。我們有更大的機率被以下動物殺死：

- 蛇（每年造成 70,000 人死亡）
- 狗（每年造成 60,000 人死亡）
- 蜜蜂（每年造成 50,000 人死亡）
- 河馬（每年造成 2,900 人死亡）
- 螞蟻（每年造成 900 人死亡）
- 水母（每年造成 1 至 500 人死亡）

言），你不需要承受痛苦的結果，頂多經歷一點點焦慮。

因為抽菸而導致肺癌的風險，則屬於慢性風險。這需要經過一段時間的累積，儘管你在今天下午所抽的那一根菸可能不會讓你送命，但與其他所有香菸加總在一起，卻可能導致提早的死亡。這種風險是慢慢累積的；每增加一根菸，就會提高你罹患肺癌及出現其他症狀的風險。

微性命和微死亡

與微亡率相反的，是「微性命」（microlife）——百萬分之一的性命。對年輕的成年人而言，這在平均上約等於半小時。微性命的角度，能更好地解釋慢性風險。抽一根菸會犧牲掉一條微性命。當然，這並不是直接且確切的加減法——這只是一種風險。假如我們拿有某種程度菸癮者的平均一生，和沒有菸癮者的平均一生來比較，我們就能算出一根菸對微性命的平均成本。但也有人一天抽二十根菸，卻活到九十歲；因此，沒有任何事是絕對的。

透過微亡率來計算一件活動的急性風險，和透過微性命來計算慢性風險的關鍵差異，就在於微性命的代價是慢慢累積的，而微死亡卻會在我們每一次倖存下來之後，重置為零。

凡事皆有風險

　　另一種評估風險的方式，就是將其和光是活在世上就必須冒著的基本風險相比。因為滑翔翼意外而死亡的機率為十一萬六千分之一（每搭乘一次）。而一名三十歲美國男性每天都有二十四萬分之一的機率會死亡，因此去搭滑翔翼會讓其風險提高三倍（因為他額外增加了新的風險——兩者並不會互相取代）。

　　另一種呈現風險的方式，則是算出你需要持續進行一項活動多久，才會遇上意外，或計算每一項活動的風

險。假設每一趟滑翔翼之旅的死亡率為十一萬六千分之一，就意味著如果你玩了滑翔翼十一萬六千次，你很有可能會在某次出意外（儘管意外有可能發生在第三次、第一百六十九次，而不是第十一萬六千次）。

儘管平均而言此數據為真，但對特定者而言，卻不一定是正確的，因為在進行該項活動時，還會牽涉到許多額外的因素。

初期的滑翔翼飛行或許會比較危險，因為飛行員較缺乏經驗；但後期的飛行也有可能比較危險，因為飛行員已經過於鬆懈。每一名飛行員的飛行技巧也都不盡相同，並因此而承受不同的風險。

郵遞區號樂透獎

保險公司會試著透過其他方法，估算出比取「全部人口平均數」更為準確的犯罪或意外風險率。他們會透過複雜的計算，來挑出哪些人的風險比其他人更高。

這也是為什麼我們的郵遞區號或郵政編碼會影響到房屋保險、汽車保險等保費高低。假如你居住的區域曾發生過多起入室行竊案，保險公司就會評估你的房子有較高的失竊風險，因而向你收取較高的保費。

增加或減少風險

我們也可以透過比較不同風險的因素或百分比，作為風險的另一種表現手法。這樣的作法具有相當不錯的說服力，但倘若沒有確切的數字，也極有可能造成誤導。

以這樣的陳述為例：「服用保健食品能讓罹患腳趾癌的機率減少一半！」這讓這項保健食品聽上去超級棒。但倘若罹患腳趾癌的機率低到只有兩千萬分之一，那麼花錢買保健食品好讓罹癌機率降低到四千萬分之一，感覺就沒什麼必要了。畢竟出門購買保健食品所需要承擔的風險，比罹患腳趾癌的機率還要高出許多。

有些風險無法如我們的期待般，被精確地衡量。假如我們企圖根據你過往的經驗，來預測你個人因交通事故而死亡的機率，我們只會得到零——因為儘管你在馬路上行走了這麼多年，卻從來沒有被交通事故奪走性命。

人們經常以兩種方式來誤解「風險」的意義，而我們可以透過以下的陳述來濃縮這些情況：

- 這麼多年來我都是這樣做的，從來沒遇上問題。所以我能跟你保證不可能出事的！
- 你一直以來都很幸運—但你的好運要用光了！

在某種程度上，第一個句子屬於某種曖昧不明的貝氏推斷。倘若我們不知道統計上的風險，我們就只是單純根據過往經驗來評估。然而，就可能涉及死亡的風險而言，這絕對不是什麼評估的好方法。你自然會對以前的情況很滿意，因為你沒有死。利用之前沒出過意外的情況為證，只會讓我們輕忽所有魯莽的行為——畢竟你之前在做某些冒險的行為時，可從來沒有因此死過。因為你之前沒死，所以你這次也不會死。但事實上，正是因為上一次你沒死，所以這次你才有可能會死。

在各種情況下，第二句話也是錯的。這就像是賭徒的對立面——那些不斷重複下注同一個號碼，只因為認定該號碼遲早都會出現。事情並非如此。

每一次，每一個號碼出現的機率都是一樣的，和前一次是否開出這個號碼無關。當你擲骰子，出現六的機率為六分之一。假設你擲出了一個六，那麼下一次仍擲出六的機率依舊為六分之一。因此，在獨立事件的風險中，某人總是能「順利逃過」的事實，並不意味著他們因此能（或不能）繼續快活下去。

Chapter 23

大自然懂得多少數學呢？

你相信大自然也會數數嗎？事實上，生活在自然界的各種動植物，或許早在人類出現之前，就已熟稔繁衍後代的數學法則。

中世紀數學家費波那契（Leonardo Fibonacci）發現，在許多大自然現象——甚至是兔子的繁殖過程中，隱藏著一組數列。

兔子的繁殖

費波那契遇上了一個對當時的歐洲而言還很新鮮、但印度數學家早在幾個世紀前就很熟悉的問題：

假如有兩隻兔子在田野中，那麼在理想的情況下，兔子的數量會如何成長呢？

所謂的「理想情況」包括以下的條件：

- **兩隻兔子性別不同，已達繁殖年紀，互相喜歡，健**

康且具生育能力。

- 在雌兔成熟後，每個月都能生出一對兔子，而且必須是一公一母。
- 兔子的孕期為一個月，在兔寶寶被生下來後，也需要一個月才會長大成熟。
- 這些兔子都不會死。

最後一項條件顯然把理想情況無限上綱到相當極端的程度，更別提此處對「理想」定義的檢驗，但姑且先讓我們忍一忍吧，畢竟這是八百多年前的事了，現在才想要挑毛病好像有點太遲了。

因此，我們將兩隻兔子放到田野中，讓牠們就如同——呃、兔子般繁殖。一個月後，還是只有最初那一對達繁殖年齡的兔子，但牠們已經有了自己的小寶寶，因此狀況很快就要開始了。

在下一個月的月底，我們有了兩對兔子：最初的那一對，和如今已經長大成熟的兔寶寶。第一對兔子又有了新寶寶，而第二對兔子也開始了自己的繁殖事業。

再隔一個月，我們有三對兔子：最初的兔子、第一對兔寶寶、第二對兔寶寶。

再下個月，第一對兔子夫妻和第一對寶寶各自懷上一對兔子（還未長大成熟），而第二對兔寶寶也準備好開始繁殖後代。兔子夫妻的數量以這樣的方式成長：

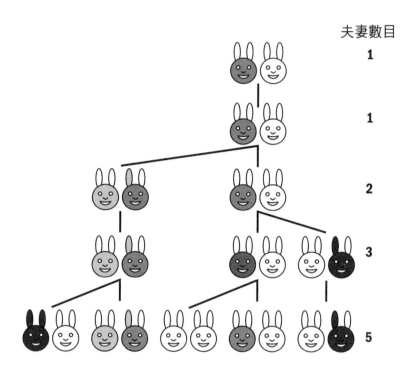

以此類推的不斷下去。而每個月的兔子夫妻數量，會追隨下列這種模式：

1、1、2、3、5、8、13、21、34……

這些數字乍看之下沒有太大的意思，卻永無止盡地浮現。儘管這種規律並不是立刻就能發現，但它確實存在。將數列中最後兩個數字相加，就會得到下一個數字：

$$1 + 1 = 2$$
$$1 + 2 = 3$$
$$2 + 3 = 5$$
$$3 + 5 = 8$$
$$5 + 8 = 13$$
$$8 + 13 = 21$$

……等。此種序列，就稱為「費波那契數列」。

假如我們將第 n 個費波那契數字以 $F(n)$ 來表示，那麼求得費波那契數的常見表示法為：

$$F(n) = F(n-1) + F(n-2)$$

透過序列中的數字，我們就能明白這個公式該如何應用，以第八個數為例：

F（8）＝ F（7）＋ F（6）

21 ＝ 13 ＋ 8

數字與數字之間的差距會愈來愈大：

F（38）＝ 39,088,169

F（39）＝ 63,245,986

因此：

F（40）＝ 39,088,169 ＋ 63,245,986 ＝ 102,334,155

你會發現：數字顯著地疊加；F(20,000,000)甚至有超過四百萬個位數。

倘若我們假設費波那契於八百年前將兩隻兔子放到田野中（並忽視某些兔子居然高達八百歲的事實），我們將會有$800 \times 12 = 9,600$個月能供兔子生長。而F(9,600)的答案將超過兩千位數，比$10^{2,000}$還要大。這也意味著此刻會有超過10^{20}古戈爾（googol）對的兔子，也就是遠超過全宇宙原子數目的兔子存在。

蜂存還是蜂滅？

　　上述兔子的情況充滿太多假設，但某些物種卻能更精準地呈現出費波那契數列。在觀察蜜蜂的遺傳學後，我們可以看到費波那契數列顯示了每一隻蜜蜂所擁有的祖先數目。雄蜂只有一位母親，因為牠是從未受精的卵所孵化而來。而雌蜂會有父親與母親。因此，假如你從一隻雄蜂開始畫家庭樹，它看上去就會跟下圖很相似：

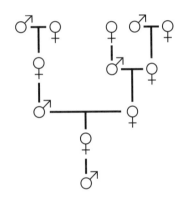

　　將所有蜜蜂的祖先加在一起，我們會得到：

	父母	祖父母	曾祖父母	曾曾祖父母	曾曾曾祖父母
雄蜂	1	2	3	5	8
雌蜂	2	3	5	8	13

儘管雌蜂贏在起跑點，但在費波那契數列中，她也只是領先一點點——到頭來，數字總會一樣的。

植物中的費波那契數列

　　許多植物長新葉或抽新芽的方式，也是依照費波那契數列。我們很容易就能觀察到為什麼「分枝」是依照這樣的模式去生長，因為每一個幼枝都會生長出另一個新的幼枝，然後這個新的幼枝又會長出新的幼枝，不斷下去：

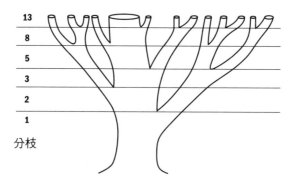

　　花朵的花瓣數量，也是依循著費波那契數列；多數水果的內部，也總是有著符合費波那契數字的區塊（如同香蕉可以分成三部分、蘋果分成五部分般）。就連我們體內，也存在著這樣的數列，像是手指骨頭的長度比等。

Chapter 24

什麼是讓藝術家也瘋狂的完美形狀？

放眼觀察大自然，我們可以見到許多奇形怪狀的
形體——以及某些相較之下，非常優美的形狀，
而這竟然也是出自數學的傑作。

無論是費波那契數列還是碎形，都會製造出表面上看似無秩序的圖樣。而我們還可以在其他地方，發現隱藏的數學圖樣。

矩形和螺旋

　　請透過一項練習，來觀察數字是如何展現出一套模式。讓我們從邊長為一單位的正方形開始（單位可以任選，不過就讓我們先以公分為例）。接著，在旁邊畫一個完全一樣的正方形。現在，拿相連兩邊的邊，作為新正方形的邊長（也就是邊長為2公分的正方形）。現在，我們可以得到一個總長為3公分的邊；再畫出另一個正方形。重複這些步驟，直到你用光圖畫紙或耐心為止。

　　你有留意到每一個正方形邊的長度嗎？

1、1、2、3、5、8、13⋯⋯

　　又是費波那契數列。

　　現在，依序從每一個正方形中畫出一條對角線方向的曲線，並連成一個螺旋。

　　這就是所謂的「黃金螺旋」（請見右頁第二張圖）。許

多植物的葉子就是依黃金螺旋來生長，以不同的角度從根莖向兩側生長。這種讓許多植物學家深深為之著迷的葉子排列順序，就稱為「葉序」(phyllotaxy)。

倘若你去數一數在兩片上下位置完全垂直重疊的葉子間、總共長出了幾片葉子，你得到的數目也會符合費波那契數列，而在兩片葉子垂直重疊前所旋繞莖的圈數，也是費波那契數（請見下一頁上方的插圖）。這樣的模式能讓每一片葉子獲得最多的陽光，這也是這個模式如此盛行的原因。葉子間的夾角通常接近137.5°。

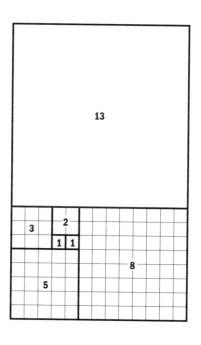
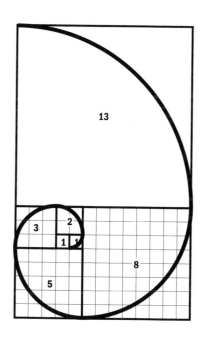

旋轉螺旋

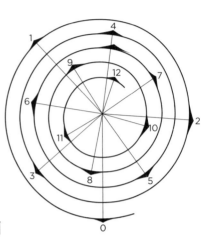

我們經常可以看到數個黃金螺旋交織在一起。花頭中的種子，就是以交織著的黃金螺旋來排列；松果上的片狀結構也是順著兩組黃金螺旋來排列；向日葵則有著符合費波那契數列的不同方向螺旋數（順直針和逆時針），種子的數目也是費波那契數。這是利用空間的最好方式，這樣一來，向日葵就能優化其種子穗能容納的種子數。

或許最聰明的植物，就屬鳳梨。這種水果的表面覆蓋著六角形的片狀結構，而每一片都是來自三組不同螺旋的一部分。鳳梨共有八排斜度平緩的片狀結構、十三條較陡的片狀結構，以及二十一條近乎垂直的片狀結構。

鳳梨的葉子也是依照不同的費波那契數列生長，在繞著莖旋轉五圈後，才會出現兩片上下完全垂直的葉片。而在這兩片垂直葉片間，共長著十三片葉子。這意味著鳳梨擁有兩組受不同荷爾蒙控制的黃金螺旋，並在該長出果實的時候，自動切換到合適的那一組上。

黃金矩形

　　矩形有很多種：有高矮胖瘦的，也有那種相當優雅而被稱之為**黃金矩形**的。黃金矩形的邊長比約莫為 1:1.61803。而 1.61803… 此一數字為無理數（小數點後能無窮延伸下去），我們以希臘字母「Phi」、符號「Φ」來表示它。

　　這並不是一個隨機的無理數。歐幾里德在西元前三百年，首度提出此一概念。請想像一條被切成兩段的線。其中一段比另一段長，而且是非常精確地「比另一段還長」。這兩條線的長度呈一特定比例，也就是所謂的「黃金比例」。在裁切線段時，我們必須維持**短線：長線**的比，等於**長線：整條線**的比。

　　以數學來解釋，試著想像我們將一條線切成兩段，分別為 a 和 b。整條線的長度顯然為 a＋b。要使這條線呈黃金比例，a:b 就必須等於 a:a＋b

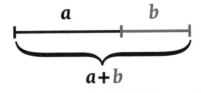

$a+b:a$，必須等於 $a:b$

因此，我們可以列出：

$$\frac{a+b}{a} = \frac{a}{b} = \Phi$$

> 將一直線按「中末比」分割，讓該直線的全長和分割後較長線段之比，等於較長線段和短線段之比。
>
> ——歐幾里德，《幾何原本》

並得出這樣的比：

$$1 : \frac{1+\sqrt{5}}{2}$$

切斷，但不能改變

結果證明，黃金比例和透過其所定義的黃金矩形，事實上非常特別。假如我們擁有一個如右邊這樣的黃金矩形，並根據寬（邊長 a）來切割出一個正方形，你會得到另

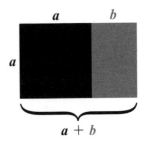

一個新的黃金矩形（b,a）。剩下的矩形其邊長比仍舊為 1：Φ。你可以無止盡地重複這個步驟，得到一個又一個更迷你的黃金矩形。

黃金矩形普遍被認為是最迷人的比例。在大自然、甚至是人體構造內，都可以看到它的蹤跡，數千年來，它更被應用在藝術創作與建築結構上。

黃金，以及更多的黃金……

既然這個世界上有黃金螺旋與黃金比例／矩形，我們自然而然也會好奇這兩者間是否有關連，而答案是：確實有。倘若我們用費波那契數列中的某個數，去除以排列在它前面的那一個數，得到的值會近似於 Φ。而這個跡象在一開始還不大明顯：

$$\frac{1}{2} \div \frac{1}{3} = 1.5$$
$$\frac{1}{3} \div \frac{1}{5} = 1.667$$

但使用的費波那契數愈大，得到的值也會愈接近 Φ：

$$102{,}334{,}155 \div 63{,}245{,}986 = 1.61803$$

除此之外，還有另一個驚喜。倘若我們用費波那契數來除以其後面一個數，會得到近似於 Φ－1 的值：

63,245,986 ÷ 102,334,155 ＝ 0.61803

我們有時候會以小寫的「φ」，來表示此一數值（Φ 在小數點以後的值）。因此，我們能斷言這個世界上存在著某些討人喜愛且美麗的形狀。

Key Points

一起來計算 PHI ⋯⋯⋯⋯⋯⋯

讓我們從 $\dfrac{a+b}{a}$ 開始。

我們知道這個值等於 a/b，也等於 Φ。倘若 a/b＝Φ，那麼 b/a 自然等於 1/Φ。我們可以將其簡化為：

$$\frac{a+b}{a} = 1 + \frac{b}{a} = 1 + \frac{1}{\Phi}$$

因此：

$$1 + \frac{1}{\Phi} = \Phi$$

同乘以Φ我們會得到：

$$\Phi + 1 = \Phi^2$$

在整理後即為：

$$\Phi^2 - \Phi - 1 = 0$$

看出來了嗎？這是一個一元二次方程式，所以我們可以用「二次求根公式」來解Φ，也就是：

$$x = \frac{-b \pm \sqrt{b^2 - 4ac}}{2a} \quad \begin{matrix} x^2 + 2x + 1 = 0 \\ \uparrow \quad \uparrow \quad \uparrow \\ a \quad b \quad c \end{matrix}$$

$(a = 1, b = -1, c = -1)$

由於這是正整數間的比，因此我們得知Φ必定為正，因此可以解為：

$$\Phi = \frac{1 + \sqrt{5}}{2} = 1.6180339887\ldots$$

Chapter 25

數字已經逐漸失控了嗎？

數字成長的速度可以是相當驚人的。愛因斯坦說：
「複利的威力遠大於原子彈。」但這可並非只是
對於你的銀行存款而言。

根據傳聞：印度的統治者實在太喜歡發明西洋棋的傢伙了，因此他決定讓此人能隨心所欲決定自己想要獲得的賞賜。儘管這名發明家明明可以請求一筆驚人的財富，但他卻提出了一個相較之下，相當謙卑的賞賜。

他請求統治者在西洋棋盤的第一個方格裡放上一粒米，再於第二個方格裡放上兩粒米、第三格放上四粒米……隨著他每走一格，米粒就不斷翻倍。統治者欣然同意，同時也很納悶對方為什麼會想要如此微不足道的獎賞。然而，當統治者在準備這份獎賞時才恍然大悟。

小小的棋盤格裡，很快就容納不下自己應該容納的米粒。米粒橫溢在整個棋盤上、接著是整座宮殿、然後是整個印度。在統治者終於走到棋盤上的最後一格時，他需要 2^{63} 粒米，也就是 $2 \times 2 \times 2 \times 2 \times$ ……總共63次，約莫是 9,200,000,000,000,000,000 粒米。當然，需要多大的空間才能容納這些米，則是視米的品種而定。

假如是長度為7釐米（0.27寸）的香米，將這些米粒頭尾相連，我們就可以得到一排長度直逼七光年的米。這等同於從地球到南門二星（Alpha Centauri）的一趟來回，或折返太陽215,000次。

爆炸性的指數成長

任何按「比例」而不是固定量的成長模式，都會出現劇烈增長。東華盛頓大學（EWU）都市計畫教授佐瓦尼（Gabor Zovanyi）指出，倘若人類的存在始於一萬年的一對男女，然後每年以1％的比例成長（儘管這個起點的描述有些微妙，不過我們暫且不深入討論），那麼此刻我們將成為一顆「直徑長達數千光年的扎實人肉球體，且繼續以大於光速數倍的速度，劇烈成長」（忽視相對論的話）。

這可一點都不吸引人。費波那契數列中那不斷成長的兔子，也是指數成長的例子，而且還會以更快的速度成長為一顆巨大的肉（毛）球。

這又與我們何干？

我們也可以用人口研究來進行回溯。

每一個人順著時間軸往前推，都會有父母（兩名）、爺爺奶奶與外公外婆（四名）、八名曾祖父母等。由於祖先的數量呈2的次方數成長，因此要不了多久，我們的祖先人數就會超過他們生存時代、全地球上的總人口數。假設每一代能活二十年（儘管這對現代人而言有些短，但在過去顯然很合理），那麼只需要回溯到西元一三七五年，

我們就會有超過四十億位祖先。然而在一三七五年時，全地球上的人口也僅有約莫三億八千萬人。

被實現的預言 ·········

以美國物理學家摩爾（Gordon Moore）為名的「摩爾定律」指出，積體電路上可容納的電晶體數目，每隔兩年就會增加一倍。而該定律也經常被簡化為「電腦的處理能力每兩年就會翻倍」。

自從該定律於一九六五年被提出後，這五十年來都沒有破例的情況（自證預言）。對業界而言，這確實是一項挑戰，而看得見的目標也有助於人們將其實現。摩爾本人也沒料想到這樣的情況能維持十年以上。

而約莫在一四五〇年，地球上的人口數剛好足夠滿足我們的祖先數量一次（但實際情況自然不可能如此）。如果繼續回溯至一三七五年，則地球上的每一個人將不可能只是一個人的祖先。他們可能是我的祖先，同時也是你鄰居的祖先……

那是你的祖先嗎？

由於大家的祖先開始重疊，導致人際關係變得超級複雜。這樣的情況就稱為「譜系崩潰」（pedigree collapse），況且只需要某兩個表親聯姻，就會出現這樣的情況（因為他們的後代會有少於 8 名的曾祖父母）。譜系崩潰在小群體或貴族（如皇室）間，經常出現。

耶魯統計學家約瑟夫‧張（Joseph Chang）計算出：在某一個時間點下，每一個活著（且擁有後代）的人，將會是生活在同一個社群內所有人的祖先。

以歐洲而言，這個時間點出現在西元六百年，意味著所有非移民的歐洲人，都是神聖羅馬帝國國王查理曼（以及許多其他人）的後代。而這樣的統計數據也獲得了大規模歐洲人 DNA 分析結果的支持。

如果將時間繼續往回推到三千四百多年前，那麼那個時代每一位擁有後代者，都會是如今每一位地球人的祖先（理論上）。這也意味著你也是古埃及皇后娜芙蒂蒂（Nefertiti）的後代。

要不要貸款呢？

數字並不一定非要是翻倍成長，才會迅速增加。

我們許多人都因為利息，而熟悉「比例成長」的概念。假如你喜歡儲蓄，那麼利息自然對你有利；但倘若你是借貸者，事情就沒那麼美好。銀行和金融機構使用著複利系統，這意味著在一特定期間後（數日、月、年），一筆債務或儲蓄的利息會加到原本的本金之上，然後再對整筆金額計算利息。假設你存了 1,000 美元，年息為 3％。這筆錢的成長速度會有多快呢？

時間	年初金額	利息	年終金額
第一年	$1,000.00	$30.00	$1,030.00
第二年	$1,030.00	$30.90	$1,060.90
第三年	$1,060.90	$31.83	$1,092.73
第四年	$1,092.73	$32.78	$1,125.51
第五年	$1,125.51	$33.77	$1,159.27
第六年	$1,159.27	$34.78	$1,194.05
第七年	$1,194.05	$35.82	$1,229.87
第八年	$1,229.87	$36.90	$1,266.77
第九年	$1,266.77	$38.00	$1,304.77
第十年	$1,304.77	$39.14	$1,343.92
……			
第二十五年			$2,093.78

利息對儲蓄者（和借款者）之所以如此重要，就是因為它會對這些數字帶來巨大的影響：

本金	利息	十年	二十五年
$1,000	1%	$1,104.62	$1,282.43
$1,000	3%	$1,343.92	$2,093.78
$1,000	5%	$1,628.89	$3,386.35
$1,000	8%	$2,158.92	$6,848.48
$1,000	10%	$2,593.74	$10,834.71

最初一年的收穫，並不如最後結束時的一年那樣多。以10％為例，頭十年可以為儲蓄者贏來1,593.74美元，但接下來十五年的利息，則不會是本金的1.5倍——而是8,240.97美元，約莫為五倍！這也是為什麼政治人物和會計師總會鼓勵我們早點開始存退休金。

用複利為你的老年生活買單

倘若你在二十歲的時候，為養老基金存入1,000美元，接著再於四十五年後退休。倘若在這段期間內你沒有存入更多錢，且利息為3％，那麼在你退休時，你會領到3,817.60美元。但倘若在這四十五年間，你每年都會再存入1,000美元，利息仍為3％，那麼當你退休時，你能領到

95,501.46美元。假如你能想辦法弄到10％的利息（或報酬率），那麼你就能抱著790,795.32美元退休了——開始有點誘人了吧，尤其當這筆投資金額高達45,000美元時。

日復一日的利息

相反的，假如你去找短期貸款者或放高利貸者，你很有可能最終必須因為與你作對的利息，而需清償猶如天文數字般的債務。

舉例來說，假如你借了一筆短期貸款，金額為400美元，為期三十天，利息為0.78％，那麼在償還日來臨時，你必須支付487.36美元：也就是本金400元加上利息87.36元。利息之所以如此高的原因就在於那看似誘人的0.78％利息，是逐日計算的，因此每一天你的本金都會不斷成長。一整年下來的有效利率將為284％。

但要是改為向朋友借50美元，一週後歸還，並請他們喝一杯咖啡呢？這筆交易是否划算？畢竟這麼做能讓我們不用去借短期貸款。假如一杯咖啡要價2美元，這就等於這筆錢一週的利息為4％——或年息208％。假如你以10％的利息（一年，而不是每週或每日）向銀行借50美元一週，那麼你也只需要付10美分的利息而已。

Chapter 26

我究竟喝了
多少酒？

鮮少有人知道，某一樣極為重要的數學計算工
具，其實是一位非常在乎「自己到底喝到多少酒」
的德國人所發明的。

一六一三年，德國天文學家和數學家克卜勒（Johannes Kepler）打算和第二任妻子成婚。他訂了一桶酒來慶祝。身為一名狡猾——且還是數學家的他，質疑酒商用來測量一桶酒容量的方式，以及與其相應的價格有詐。

將橡木桶推上來！

酒商測量的方式，是拿出一根棍子，伸進酒桶側身處所開的洞口內，再測量桶子所能容納的棍子長度。得出來的數據就是桶子的直徑——但同時這也是桶子最寬的地方。由於酒桶的兩端較窄，因此根據酒桶截面積再乘以酒桶高度所算出來的容量，往往比實際容量多上許多。克卜勒認為，無論是為了自己根本沒有得到的酒買單、或是付了錢卻沒有買到應得的酒，這些情況都是不可容忍的。因此，他決定找出更好的方法來計算酒桶的容量。

無窮小的一片

他想出的方法，被稱之為「無窮小」（infinitesimals）。

他想像酒桶是被切割成無窮小的薄片，然後層層疊在一起。每一個薄片都是一個圓柱體，只是非常矮。而每一片圓柱體的截面積都不同，愈靠近桶子中間的圓柱體，其面積會比位在桶子兩端的圓柱體還要大。

當然，每一片圓柱體的邊緣都是傾斜的，且一端的面積會些微地比另一端要大。但當我們將這些切片切得非常、非常薄時，兩者間的差距就會變得非常、非常小（無窮小，只要我們切得夠薄），因而得以被忽略。

滑坡謬誤？

很快地，克卜勒的方法就被十七世紀的牛頓和德國哲學家萊布尼茨（Gottfried Leibniz）所想出來的微分學所取代。牛頓和萊布尼茨兩個人都對酒桶沒什麼興趣，他們對線或曲線的斜率更感興趣。

他們以「無窮小」為起點：曲線的斜率顯然會不斷改變，而你可以計算任何一小段曲線的斜率，得到局部斜率。在下一頁的示意圖中，假如我們取的 ab 線段愈來愈短，則 ab 線段的斜率就會愈來愈接近曲線上 a 處的斜率。

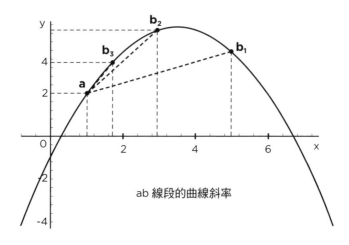

ab 線段的曲線斜率

讓我們以 $f(x) = x$ 為前提，來探討 $f(2x) = 2x$ 的圖形。

該函數的圖形為一直線（如右圖）。

這條線上的每一處，斜率都是相同的。事實上，該線的斜率為 2 之於 1，或 2，因為 x 軸（水平）每增加一個單位，y 軸（垂

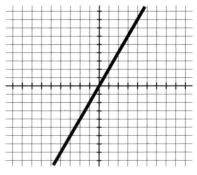

直）就會增加兩個單位。所以這是一個 $y = 2x$ 的圖。

在函數中增加一個常數，並不會改變斜率；函數的圖形並不會改變，改變的只是它在座標軸上的位置。由於現

在 y = 2x + 3，所以它每一點的位置在 y 軸上都必須向上提高三個單位（如右圖）。

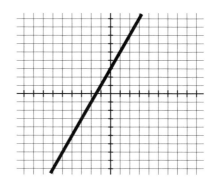

因此，在計算斜率時，我們顯然可以忽略常數的存在。

假如現在我們想要畫出 $f(x^2)$ 的圖，那麼這個圖將會是一條拋物線（如下圖）。巧的是，在這個拋物線上的任一點，其斜率都為 2x——如同牛頓和萊布尼茨所發現的。

他們發現，要想求得圖 $f(x)$ 的斜率，我們必須先：

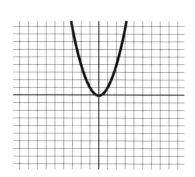

a. 將 x 值乘以自己的次方。

b. 然後將每一個 x 值的原有次方數，降低一次。

用例子來解釋會更清楚。在下列的函數中：

$$x^3 - x^2 + 4x - 9$$

x^3的次方為3，而x^2的次方為2。

因此，x^3變成$3x^2$（因為乘以3，再將次方數降低一次，亦即$3-1=2$）。

x^2則變成$2x$（乘以2，再將次方數變成$2-1=1$）。

$4x$變成4（乘以1，再將次方數變成$1-1=0$，而x^0的值在任何情況下皆為1）。

最後一項的1則消失了：常數（沒有跟著x而單獨存在的數字）因為不具有x項，因此消失。

常見的解釋法為：xn變成nx^{n-1}。

最後，x^3-x^2+4x-9就會變成：

3x² − 2x + 4

這是一個相當了不起的結果。假如我們想知道$x=3$這個點的斜率，我們只需要將3帶入被微分化的函數中：

f（x²）

f'（x²）為 2x

因此當$x=3$時，斜率為$2\times3=6$。

　　當然，一個點是不會有斜率的。我們所計算出的斜率其實是對曲線上該點做切線的切線斜率，如下圖：

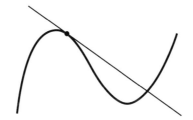

　　即便是更複雜的函數，其求法也是一樣：

$$f\left(x^3 - x^2 + 4x - 9\right)$$

$$f'\left(x^3 - x^2 + 4x - 9\right) \text{ 為 } 3x^2 - 2x + 4$$

　　在 x = 2 這一點上，斜率為 $(3 \times 2^2) - (2 \times 2) + 4 = 12$。

知道一個圖形的斜率，能給予我們極有用的資訊。舉例來說，以一個移動物體的距離對時間圖來看，只要求出斜率，我們就能知道該物體的移動速度。任何一種可以用「比率」或「除法」來表示的函數，都能以該圖的斜率來解釋。換言之，若我們畫出價格對應時間的圖，那麼該圖的斜率將反應出價格的提高或下跌（通膨）。

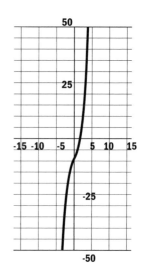

在曲線之下的面積

「微分」能讓我們測量一條曲線的斜率，而「積分」則能幫助我們計算曲線下的面積。現在，請想像曲線下的區域被切割成無數個細小的長條狀。將所有長方形的面積加在一起，我們就能得知大致上的總面積，如下圖：

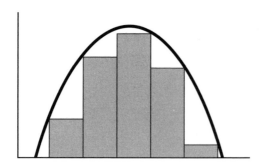

若曲線下的矩形愈細長，估算的面積就愈精準：

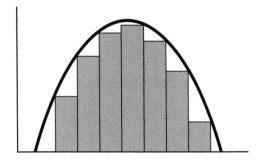

假如我們可以進行無窮小的切割，那麼我們就能求得精確的面積。這就是積分的目的。

微分是什麼？ **Key Points**

我們口中的微分，也就是牛頓所謂的「流數法」（method of fluxions）。而取微分的過程則稱為「分化方程式」或「導數」。x的函數寫作 f(x)，而該函數的微分則寫作 f'(x)。

積分與微分恰恰相反。假如我們拿著被微分的方程式進行積分，我們就會得到最初的方程式（但稍微有一點點不同）。

因此，我們將下列方程式微分：

$$x^3 - x^2 + 4x - 9$$

會得到：

$$3x^2 - 2x + 4$$

再將 $3x^2 - 2x + 4$ 進行積分，會得到：

$$x^3 + x^2 - 4x + c$$

其中，c代表了「未知常數」。在經過微分的步驟後，我們已經無從得知原本函數中的常數項。

積分實際上就是「還原微分」。你可以將其想像成「反微分」。將 x^n 微分後會得到 nx^{n-1}，而再拿 nx^{n-1} 來積分，則會得到 x^n。假如我們要拿 x^n 進行積分，就必須反轉微分的過程：我們必須除以次方數，再提高一個次方，也就是：

$$1/n + 1^{n+1} \text{（因為我們反轉了 } nx^{n-1}\text{）}$$

這意味著 x 的積分為 ½x²，而 x² 的積分為 ⅓x³。積分以長長的「S」符號來表示，讀做「sigma」：

$$\int$$

而「求 $3x^2 - 2x + 4$ 積分」，可以這樣表示：

$$\int 3x^2 - 2x + 4dx$$

式子尾端的 dx 則表示了我們處理的是 x。

假如該方程式是以 t 而不是 x 來表示，那麼最後就會改為加上 dt，也就是：

$$\int 3t^2 - 2t + 4dt$$

進行 $\int 3x^2 - 2x + 4dx$，我們會得到：

$$x^3 - x^2 + 4x + c$$

（不要忘了常數！）

許多圖形可以不斷延伸下去，因此其曲線下的面積為無限大。如果沒有明確定義我們要求的是哪一段，我們就無法計算出曲線下的面積。為了進行這一步驟，我們必須截出兩端的x值（或式子中所使用的任意變數）。

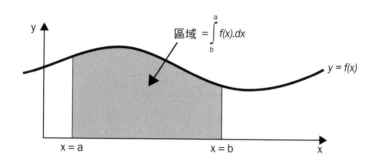

為了表示我們想要求的那一段，我們會在積分符號的上、下端，標示出最高與最低限制（也就是截取區間）：

$$\int_{2}^{5} 2 \times dx$$

這也意味著「求x＝2至x＝5間的曲線下面積」。

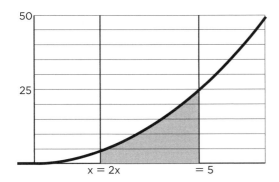

求解時，我們將得到的結果（也稱為「被積函數」）：

$$\int 2 \times dx = x^2 + c$$

以 $x = 5$ 帶入，再以 $x = 2$ 帶入，然後將兩者相減（「c」會被抵銷）：

$$當\ x = 5, x^2 + c = 25 + c$$
$$當\ x = 2, x^2 + c = 4 + c$$

因此，圖中該區間曲線下的面積為：

$$(25 + c) - (4 + c) = 19$$

從洞裡脫出的方法

　　還記得阿基里斯與烏龜的悖論嗎（請見第15頁）？真正的困難之處，就在於如何將時間與距離切割得更小（無窮小）。而這正是微分與積分的目的。

　　一直到十九世紀，才有人提出辦法，來解決微積分與真實世界間的落差（面積、線、體積和時間是連續的，而不是一個離散無窮小數的集合）。

> 微積分是上帝的語言。
>
> ——理查·費曼
> （Richard Feynman）

一八二一年，法國數學家奧古斯丁‧路易‧柯西（Augustin-Louis Cauchy）重新制訂了微積分的呈現方法，使其正式踏入理論領域。他認為與其苦思著該如何找出克服無窮小之間的無形障礙，我們應該擺脫這樣的思維框架——因為數學本身就是定律，它不需要模仿現實或與現實相關。

或許更好的說法是：現實不需要模仿數學，因為我們所認識的現實就是具連續性的，倘若數學無法令人滿意地比擬出現實，這也是數學上的問題，而不是現實上的問題。

是的，就在兩千三百年以後，阿基里斯終於被允許超越烏龜了！

像數學家一樣思考：

26堂超有料大腦衝浪課，Step by Step揭開數學家的思考地圖

Think Like a Mathematician

作　　者	安・魯尼
譯　　者	李祐寧
主　　編	郭峰吾

總 編 輯	李映慧
執 行 長	陳旭華（steve@bookrep.com.tw）

社　　長	郭重興
發行人兼 出版總監	曾大福
出　　版	大牌出版／遠足文化事業股份有限公司
發　　行	遠足文化事業股份有限公司
地　　址	23141 新北市新店區民權路 108-2 號 9 樓
電　　話	+886-2-2218-1417
傳　　真	+886-2-8667-1851

印務經理	黃禮賢
封面設計	萬勝安
排　　版	藍天圖物宣字社
印　　製	成陽印刷股份有限公司
法律顧問	華洋法律事務所　蘇文生律師

定　　價	380 元
初　　版	2020 年 6 月

有著作權 侵害必究（缺頁或破損請寄回更換）
本書僅代表作者言論，不代表本公司／出版集團之立場與意見

Copyright© Arcturus Holdings Limited
www.arcturuspublishing.com

國家圖書館出版品預行編目（CIP）資料

像數學家一樣思考：26堂超有料大腦衝浪課，Step by Step 揭開數學家的思考
地圖 / 安・魯尼 著；李祐寧 譯 . – 初版 . -- 新北市：大牌出版，遠足文化發行，
2020.06　面；公分
譯自：Think Like a Mathematician
ISBN 978-986-5511-21-0（平裝）
1. 數學

109005912